간추린

동물보건 임상병리학

Manual of Clinical Pathology for Veterinary Nurses

이왕희 · 정재용 · 이종복 · 김정은

머리말

현재 동물보건분야의 학문적 발전이 빠르게 진행되고 있습니다. 동물보건사 및 동물의료 현장의 스태프들에게는 동물의료 정보 획득을 위한 질병 관련 임상병리학적 배경과 진단 과정이 매우 중요한 부분으로 자리 잡았습니다. 실험실 절차는 동물의료 현장에서 필수적인 진단 구성 요소이며, 저자 일동 역시 『동물보건 임상병리학』을 집필하고 편집하며 이 분야의 많은 발전을 확인했습니다.

모두 알다시피, 동물임상현장에서 동물보건사 및 동물병원 스태프의 역할은 샘플을 취급 및 관리하고 검사를 처리한 다음 결과를 보고하는 것이며, 따라서 임상병리학에 대한 이해 없이는 수의사를 지원하거나 동물환자를 돌볼 수 없습니다. 질병의 식별은 임상병리학적 진단의학을 바탕으로 한 치료의 기반이기 때문입니다. 또한 바쁘게 돌아가는 동물의료 현장에서 진단장비의 다양성, 신뢰성 및 비용 효율성이 크게 향상되었습니다. 그러므로 이 『동물보건 임상병리학』에 담긴 매뉴얼은 필수 불가결합니다.

동물병원에서 증거를 기반한 진료와 임상 검사에 대한 인식이 높아짐에 따라, 올바른 검사 선택 및 진단과정에 대한 정보는 매우 중요합니다. 이 책에서는 일반적인 실험실 장비 사용, 적절한 실험실 관리 방법, 혈액검사, 요검사, 분변검사, 체액검사 내분비학 및 세포학에 대한 내용을 다루고 있으며 특수동물 중 동물보호법에서 반려동물로 지정된 종에 대한 임상병리학적 정보도 일부 다루고 있습니다. 따라서 일상 동물의료 및 동물보건 업무를 수행하는 모든 동물보건사 및 동물병원 스태프가 쉽게 접근할 수 있으면서도, 명확하고 과학적인 진단 근거를 찾는 데 도움이 될 것이라고 확신합니다. 동물보건사, 관련 학과의 학생, 참고 도서로 읽는 모든 독자들은 포괄적인 임상병리학의 세부 정보를 탐독하게 될 것입니다.

자격을 갖춘 동물의료팀이 이 책에 실린 정보를 잘 활용한다면, 동물환자에 대해 정확하고 신속한 진단을 하여 치료에 기여하는 바가 상당할 것이라고 확신합니다. 또한 임상병리 파트를 담당하는 현장에서도 최신 정보를 습득하고 실무자가 쉽게 진단검사실에 접근할 수 있도록, 양질의 정보를 제공할 것입니다. 『동물보건 임상병리학』이 현장에서 활약하는 동물보건사 및 동물병원 스태프, 임상병리학을 공부하는 학생들, 임상병리학에 더 구체적인 관심을 가지는 모든 이에게 유용할 뿐만 아니라 심도 있는 정보를 제공하기를 바랍니다. 그리하여 그들이 꼭 필요한 정보를 얻을 수 있기를 신심으로 바랍니다. 끝으로 책을 완성하기 위해 끊임없이 고뇌하고 노력한 집필진과 박영사 관계자분들의 노고에 깊은 감사를 드립니다.

저자 일동

차례

CHAPTER 03

내분비 질환과 호르몬검사 73

CHAPTER 04

요검사 111

CHAPTER 05

분변검사 133

CHAPTER 06

피부질환 및 질 도말검사 143

CHAPTER 07

체강 유출액검사 157

CHAPTER 08

세포학검사 169

CHAPTER 09

키트를 이용한 진단과 실험실 의뢰 185

CHAPTER 10

특수동물의 임상병리 197

Chapter

01

검사실 관리

Chapter 01

검사실 관리

학습목표

- 동물병원 내에서 사용하는 진단기기 사용법을 이해하고 관리할 수 있다.
- 검사실 내 일반적인 위험성을 숙지하고 안전하게 근무할 수 있다.

I 실험실 진단

동물병원 내에서 사용하는 실험실 장비는 동물병원의 진료 규모 또는 진료 대상의 범위에 따라 다양할 것이다.

실험실 검사는 정확한 진단, 환자의 경중도 평가, 치료에 대한 반응 평가를 위해 필수적이며, 이를 위해 필요한 장비는 다음과 같다.

II 진단기기

1 원심분리기(Centrifuge)

원심분리기는 고정축을 중심으로 다양한 밀도가 섞인 물체를 회전시켜, 밀도가 높은 물질은 아래쪽, 밀도가 낮은 물질은 상대적으로 위쪽에 위치하도록 하는 원리를 이용하여, 액체 시료 속 밀도가 서로 다른 물질들을 분리하는 장비이다(그림

1-1). 원심분리 효과는 원심분리기의 반지름, 회전속도, 물체의 질량에 따라 결정되지만, 질량은 고정되어있으므로, 원심분리기의 반지름과 회전속도로 인해 차이가 난다고 볼 수 있다. 원심분리기는 분당회전수(Revolutions Per Minute, RPM) 또는 상대원심력(Relative Centrifugal Force, RCF)에 따라 저속, 고속, 초원심분리기로 구분할 수 있다. 또한, 로터 회전 중에 시험관(원심분리기용 튜브)과의 각도에 따라 수평(Horizontal), 고정각(Fixed angle) 로터 원심분리기로 구분할 수 있다.

그림 1-1 원심분리 전후 튜브 내 시료 상태
원심 분리 전 튜브 내 물질은 혼합되어 있지만, 원심분리 후에는 층이 분리된다.

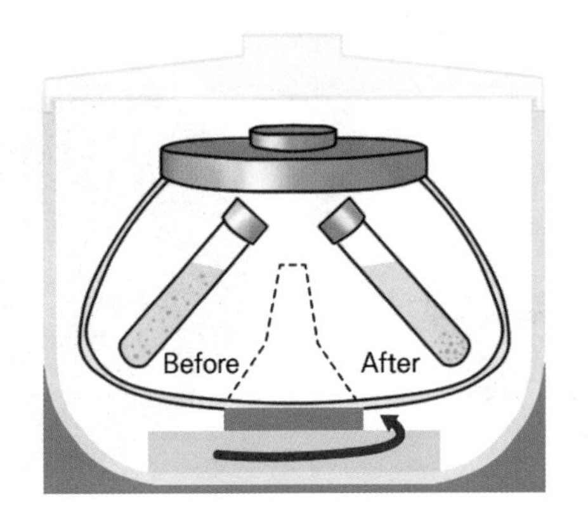

■ 목적

적혈구용적률(Packed Cell Volume, PCV) 검사, 대소변, 혈액, 복수 등 체액 내용물 검사

■ 종류

원심속도, 한 번에 회전할 수 있는 튜브의 수(용량), 로터 형태 등에 따라 원심분리기의 종류는 다양하다. 수혈을 위한 혈액 성분 분리를 위해 냉장이 가능한 원심분리기를 사용해야 할 수도 있다. 각 용도에 적합한 원심분리기를 사용할 수도 있지만, 다목적용 원심분리기를 사용할 수도 있다. 그중 수의 임상에서 주로 쓰는 수평로터(Horizontal rotor) 원심분리기와 고정각 로터(Fixed angle rotor) 원심분리기의 특징은 다음과 같다.

① 수평 로터(Horizontal rotor) 원심분리기

수평 로터는 스윙－아웃 헤드 로터(Swing－out head rotor)라고도 하고, 원심분리기용 튜브를 담는 버킷(Swing bucket)을 대칭적으로 매달고 있다(그림 1－2). 버킷은 로터에 수직으로 위치하지만, 회전이 가속화되면서 점차 로터와 평행하게 위치가 바뀐다. 이런 유형의 원심분리기는 대량의 시료를 처리하기 쉽고, 침전물이 균일하게 분포되어 분리하기 용이하지만, 로터 속도를 높이기에는 한계가 있어, 고속분리에는 적합하지 않다. 또한, 회전 중에 로터와 평행하던 버킷이 정지 상태에서 수직으로 다시 내려오는 동안, 분리된 내용물이 재혼합되는 경우가 생길 수 있다.

그림 1-2 원심분리기용 튜브를 담는 버킷이 서로 대칭적으로 매달려 있다.

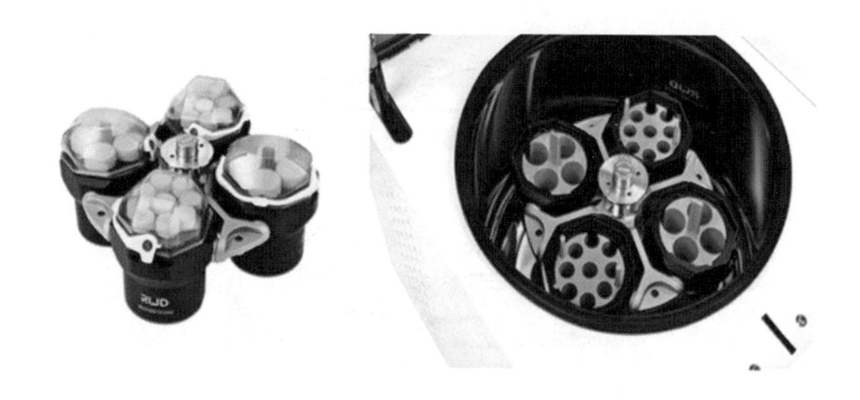

② 고정각 로터(Fixed angle rotor) 원심분리기

원심분리기용 튜브를 넣는 구멍이 일반적으로 회전축과 14~40° 각도로 고정되어, 원심분리하는 동안 움직이지 않는다(그림 1－3). 수평 로터 원심분리기보다 더 빠른 속도로 회전할 수 있어, 고속원심분리가 가능하다. 다만, 원심분리할 수 있는 시료의 양에 제한이 있고, 침전물들이 비스듬히 형성되어 있어, 피펫으로 상층액을 분리할 때 분리된 물질이 서로 섞이지 않도록 조심해야 한다. 헤마토크리트 원심분리기(Hematocrit centrifuge)는 고정각 로터 원심분리기의 한 종류로서, 적혈구용적률(PCV) 측정을 위해 모세관 튜브(Capillary tube)를 회전시키는 데 사용한다.(그림 1－4)

그림 1-3 고정각 로터. 버킷이 비스듬한 각도로 고정되어 있다.

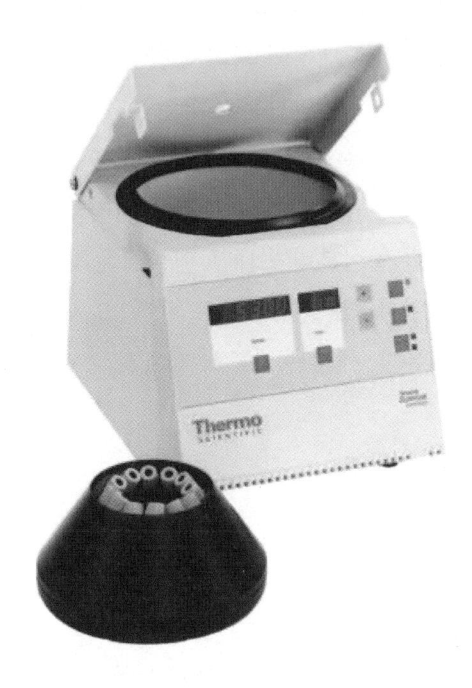

그림 1-4 헤마토크리트 원심분리기(Hematocrit centrifuge)
모세관 튜브(Capillary tube)를 대칭적으로 꽂을 수 있다.

■ 원심분리기 사용 시 주의사항

1. 시료에 따라 정해진 원심분리 시간과 속도를 준수한다.
2. 동일한 무게의 시료를 서로 대칭이 되게 장착한다.
3. 작동하기 전에 뚜껑이 완전히 닫혔는지 확인한다.
4. 작동 시 소음이 발생할 경우 즉시 작동을 멈추고 확인하도록 한다.
5. 작동이 완료되면, 회전을 멈출 때까지 뚜껑을 열지않도록 한다.
6. 튜브 파손 등으로 인한 원심분리기 내부 이물질은 즉시 세척해야 한다.
7. 눈에 보이는 오염이 없더라도 정기적으로 세척, 소독을 하도록 한다.
8. 원심분리기의 사용, 유지, 세척은 반드시 제조사의 지시 사항을 따른다.

2 굴절계(Refractometer)

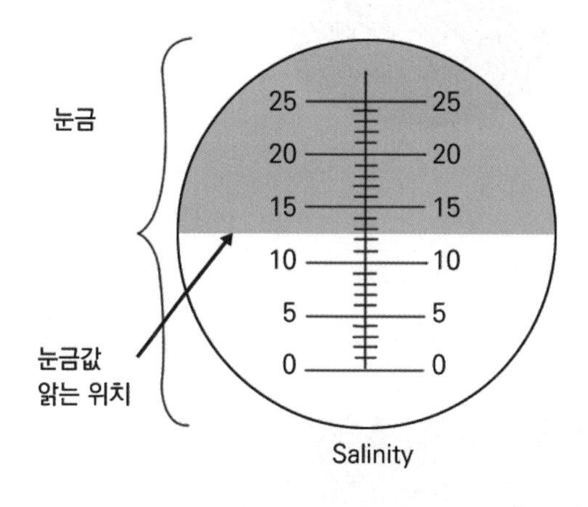

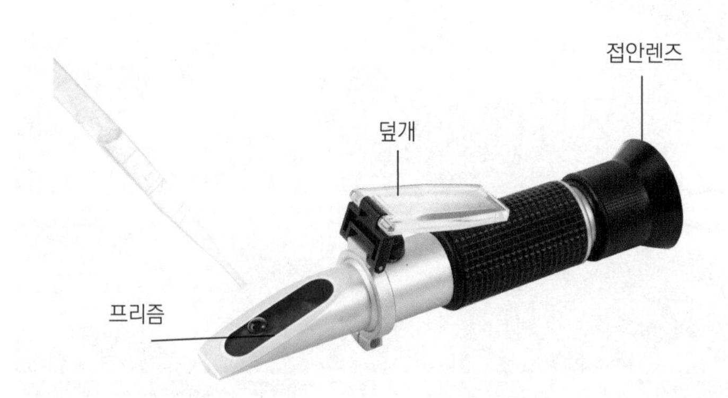

■ 목적

굴절계는 빛이 용액을 통과할 때 굴절률이 높은 물질에서 낮은 물질로 통과할 때 구부러지는 정도인 굴절률(Refractive index)을 측정하는 장비로, 용액의 농도를 측정할 수 있다. 수의 임상에서 가장 일반적으로 사용되는 용도로는 요비중, 혈장이나 체액의 단백질 비중을 재는 데 사용되고 있다.

■ 종류

휴대용 아날로그 또는 디지털 굴절계와 탁상용 디지털 굴절계가 이용되고 있다.

■ 사용법

굴절계는 프리즘과 눈금이 내장되어 있고, 모든 용액의 굴절률을 측정할 수 있지만, 눈금값은 비중 및 단백질 농도(g/dL)를 측정할 수 있도록 보정되어 있다. 용액의 비중 또는 단백질 농도는 용액의 농도와 정비례한다. 굴절계를 사용하기 전에, 증류수를 이용하여 영점(제로 굴절률)을 잡는다. 디지털 굴절계는 자동 보정 기능을 갖추고 있다. 검사하고자 하는 용액은 증류수보다 더 희석되거나, 농도가 더 낮을 수 없으므로, 용액의 비중 또는 단백질 농도값은 항상 0보다 높게 나올 것이다.

아날로그 굴절계 보정 및 사용

1. 사용하기 전에 표준 용액 또는 증류수(실온)로 굴절계의 0점(눈금값 1.000)을 보정한다.
2. 프리즘에 소량의 액체(피펫 사용)를 떨어뜨리고, 덮개를 덮는다.
3. 프리즘을 광원 쪽으로 향하도록 굴절계를 잡고, 접안렌즈로 눈금값 초점을 맞춰 눈금을 읽는다.
4. 눈금에서 밝은 부분과 어두운 부분이 만나는 지점의 눈금 값을 읽고 기록한다.

주의사항

1. 0점으로 보정되지 않았을 경우 사용해서는 안 된다.
2. 판독 시 온도가 영향을 미칠 수 있으므로, 온도 보정이 필요할 수 있다.
3. 사용 전후 프리즘 및 접안렌즈 등을 깨끗하게 청소해야 한다(제조사 지시 사항 준수).
4. 눈금 이상으로 판독값이 올라갈 경우 같은 양의 증류수로 시료를 희석하여, 측정한 후 결과치에 2를 곱하여 수치를 기록한다.

3 온도조절장치(Temperature-Controlling Equipment)

■ 배양기(Incubators)

많은 미생물검사에서 환경 온도, 습도 등을 인위적으로 조절하기 위해 사용한다. 일반적으로 병원성 미생물은 37℃ 환경에서 주로 자라므로, 온도 설정 후 모니터링이 필수적이다. 습도, 산소, 이산화탄소 등이 자동으로 조절되는 배양기는 고가이므로, 소동물 임상에서 흔히 사용하지 않고, 습도는 배양기 내에 물을 채운 통을 넣어 조절할 수 있다.

그림 1-5 미생물 배양기(Incubators)

*출처: JEIO TECH

■ 냉장고(Refrigerators)

동물약품용 냉장고는 동물용 의약품의 효능을 보존하는 데 중요한 역할을 하며, 특히 온도에 민감한 약물과 백신을 보관하기 위해, 동물병원에서 구비해야할 필수품 중 하나이다. 의료용 냉장고는 내부 온도를 +2°C ~ +8°C 사이로 유지하도록 설정되어야 하며, 냉장고를 열지 않고도 온도와 습도를 알 수 있도록 외부표시가 되고, 최적 온도 범위 아래로 떨어지면 이를 알려주는 경보 기능이 포함된 것이 좋다.

4 현미경(Microscope)

■ 목적

현미경은 동물병원에서 가장 중요한 장비 중 하나이다. 분변, 오줌, 혈액, 세포, 그 외 다양한 검체 등을 확대하여 관찰하기 위해 사용한다. 물체의 확대를 위해 가시광선, 자외선, 레이저와 같은 광원을 사용하는 광학현미경과 전자빔을 이용한 전자현미경 등으로 구분할 수 있다. 동물병원 임상에서는 주로 가시광선을 이용한 복합광학현미경에 디지털 카메라를 부착하여 사용하고 있다.

■ 구성요소

그림 1-6 광학현미경

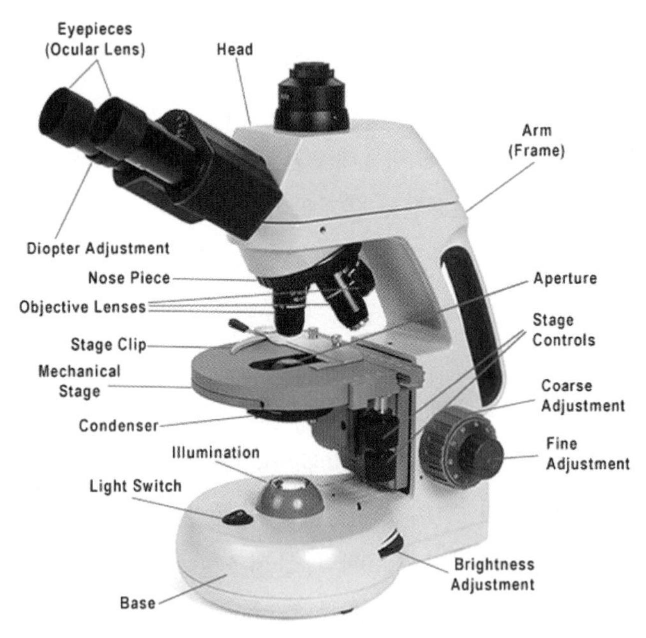

*출처: microscopeinternational.com

① Aperture or Iris diaphragm: 조리개. 홍채 타입으로 물체를 비추는 광원의 양을 조절하는 부분을 말한다. 'Aperture'는 빛이 들어오는 재물대 위 개구부를 지칭하고, 'Iris diagphragm'은 빛의 양을 조절하기 위해 닫히고 열릴 수 있는 장치라 구분할 수 있지만, 둘 다 조리개의 의미로 사용하고 있다.

② Arm(Frame): 손잡이. 현미경 헤드를 지지하고, 현미경을 이동시킬 때 사용할 수 있다.
③ Base: 지지대. 현미경을 지지하는 부분으로, 조명이 위치하는 곳이다.
④ Brightness Adjustment: 밝기 조절 나사
⑤ Coarse Adjustment: 조동나사. 초점을 맞추는 역할을 한다.
⑥ Condenser: 집광기. 일반적으로 재물대 아래에 위치한다. 광원을 모아 물체에 집중시켜주는 역할을 한다.
⑦ Diopter Adjustment: 굴절률 조정 나사. 접안렌즈의 초점을 맞추는 역할을 한다.
⑧ Eyepices(Ocular Lens): 접안렌즈. 눈에 직접 닿는 부분의 렌즈로, 일반적으로 확대배율은 10배를 사용한다.
⑨ Fine Adjustment: 미동나사. 좀 더 미세하게 초점을 맞추는 역할을 한다.
⑩ Head: 헤드. 접안렌즈가 부착되는 곳으로, 직선 또는 경사진 형태를 이룬다.
⑪ Illumination: 광원. 현미경의 광원은 주로 바닥에 위치한다. 일반적으로, 물체를 더 명확하고, 자세하게 관찰하기 위해 콜러(Kohler) 조명을 사용하고 있다.
⑫ Light Switch: 광원 스위치
⑬ Mechanical Stage: 기계식 재물대. 슬라이드 또는 표본을 관찰하기 위해 올려두는 곳으로, 수동식 조작으로 움직임이 가능하다.
⑭ Nose Piece: 회전 대물부. 대물렌즈를 고정하고, 현미경 헤드에 부착하는 역할을 한다. 이 부분은 회전할 수 있어, 부착된 대물렌즈의 배율에 맞춰 사용할 수 있다.
⑮ Objective Lenses: 대물렌즈. 일반적으로 각기 다른 배율을 가진 3~5개의 대물렌즈를 사용한다. 4배, 10배, 40배, 100배는 대물렌즈에 사용되는 가장 일반적인 확대배율이다. 현미경의 전체 배율은 대물렌즈 배율에 접안렌즈 배율을 곱하여 계산한다. 따라서 40배 대물렌즈를 통해 물체를 본다면 보통 접안렌즈의 배율은 10배이므로 40 X 10, 즉 400배 배율로 확대하여 보는 것이다.
⑯ Stage Clip: 재물대 클립. 슬라이드를 재물대에 고정하는 장치이다.
⑰ Stage Controls: 재물대 조절. 관찰하고자 하는 슬라이드의 위치를 수직 및 수평으로 조정하는 역할을 하며, 이때 대물렌즈가 슬라이드나 표본에 접촉하지 않도록 주의한다.

■ 현미경 사용 절차

① 현미경을 편평한 곳에 위치시킨 후 전원을 연결한다.

② 조동나사를 사용하여 재물대를 아래로 내린다.

③ 회전 대물부(Nose piece)를 조작하여, 가장 낮은 배율의 대물렌즈가 재물대 중앙에 오도록 한다.

④ 관찰하고자 하는 표본을 재물대 클립으로 고정하고, 재물대 조절나사를 이용하여 표본이 재물대 중앙에 오도록 한다.

⑤ 광원스위치를 켜고, 밝기조절나사와 조리개를 사용하여 적절한 밝기로 조정한다.

⑥ 옆에서 보면서, 조동나사를 사용해 대물렌즈와 표본과의 거리를 가장 가깝게 위치시킨다.

⑦ 접안렌즈를 들여다보면서, 조동나사를 서서히 돌려 대물렌즈로부터 표본이 점점 멀어지게 하면서 상이 나타나게 맞춘다.

⑧ 상이 나타나면, 미동나사를 사용하여 상이 가장 뚜렷하게 보이는 초점을 맞춘다.

⑨ 낮은 배율에서 고배율 순서로 표본을 관찰하고, 항상 대물렌즈와 표본과의 거리를 가장 가까이 위치시킨 후 점점 멀어지게 하면서 초점을 맞추도록 한다(렌즈 또는 표본의 손상을 방지하기 위함).

■ 현미경 관리와 유지

일상적인 관리를 적절히 할 경우, 현미경을 오랜 기간 손상 없이 잘 사용할 수 있게 될 것이다. 사용법을 잘 숙지하여 다루도록 하고, 제조사에서 제공한 매뉴얼에 따라 유지 관리를 하는 것이 좋다. 현미경을 사용한 후, 오일을 사용하였을 경우 렌즈 전용 티슈나 면봉을 사용해 잘 닦아내도록 하고, 경우에 따라 렌즈전용 세척액을 사용할 수도 있다. 현미경을 사용할 때는 항상 깨끗이 사용하고, 사용하지 않을 때는 렌즈 덮개를 씌우고 햇빛과 습기를 피해 보관하도록 한다. 현미경을 이동시킬 때에는 손잡이(Arm)부분을 잡고 지지대(Base)부분을 받쳐서 하고, 일상적인 유지 관리 외에도 전문적인 세척과 조정을 하는 것이 필요하다.

5 전자분석기

■ 화학분석기(Chemistry analyzer)

동물 체내 효소, 단백질, 그 외 혈액 내 구성요소들을 확인하기 위해 광도측정법(Photometry) 원리를 이용해 분석하는 장비로, 동물병원 임상에서 다양한 종류가 사용되고 있다. 측정하고자 하는 특정 물질이 시약과 반응하여, 색을 띄게 되므로 이때 색 변화량을 통해 물질의 양을 측정하는 방법이다. 사용하는 시약의 상태에 따라 건식과 습식으로 구분할 수 있다. 건식은 시약이 포함된 검사지 또는 필름 등을 사용하며, 습식은 액체시약을 사용한다. 어떤 종류의 시약이든 정상범위와 비교하여 그 결과를 확인하고, 환자의 상태와 함께 질병의 진단, 마취 전 검사, 환자 감시를 하는 데 도움을 준다.

그림 1-7 화학분석기(Chemistry analyzer)

*출처: IDEXX

■ 혈구분석기(Hematology analyzer)

주로 혈액 내 총 적혈구 수, 총 백혈구 수, 백혈구 감별진단, 적혈구 용적, 혈소판 수 등을 측정하는 데 사용하는 장비로, 복수, 흉수, 관절액 등에서 세포 성분을 분석하는 데 사용할 수도 있다. 이 분석 장비는 환자의 상태에 대해 많은 양의 정보를 제공해주므로, 동물병원 임상에서 필수적인 장비이다.

그림 1-8 혈구 분석기(Hematology analyzer)

*출처: IDEXX

■ 전해질분석(Electrolyte analyzer) 및 혈액가스분석기(Blood gas analyzer)

전기화학적 측정법(Electrochemical methods)을 이용하여 동물 체내 이온 수치를 측정하는 장비이다. 일반적으로 칼륨이온, 나트륨이온, 염화물이온, 이온화된 칼슘을 측정하는데 사용한다. 이로 인해 전해질 불균형을 진단하고, 빠르게 보충할 수 있는 진단 및 치료 보조를 위한 장비로 동물병원 임상에서 필수적인 장비 중 하나이다.

혈액가스분석기는 혈액 속 Na+, K+, Cl-, pH, PCO2, PO2, tHb, SO2, tCO2, HCO3- 등의 측정을 위해 사용하는 장비로, 전해질분석기기와 합쳐진 형태로 검사를 수행할 수 있다.

그림 1-9 전해질분석(Electrolyte) 및 혈액가스분석기(Blood gas analyzer)

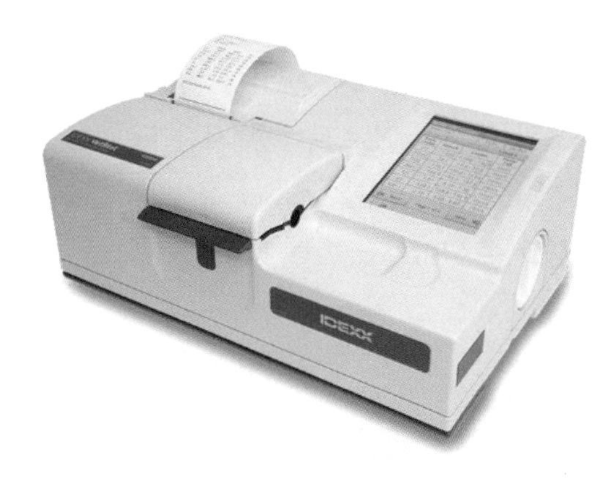

*출처: IDEXX

■ 호르몬분석기

호르몬분석기(Hormone analyzer) 주로 갑상선 호르몬(Thyroxine), 부신피질 호르몬(Cortisol), 인슐린(Insulin), 성호르몬 등을 측정하는 장비이며, 전문 실험실에서 주로 사용한다. 그러나 최근 규모가 큰 동물병원에서 쿠싱병이나 애디슨병과 같은 내분비질환이나, 갑상선 기능 장애를 진단하기 위해 많이 사용하고 있다. 또한, 생식기 질환이나 번식과 관련한 문제를 진단하는 데 유용하다.

그림 1-10 호르몬분석기(Hormone analyzer)

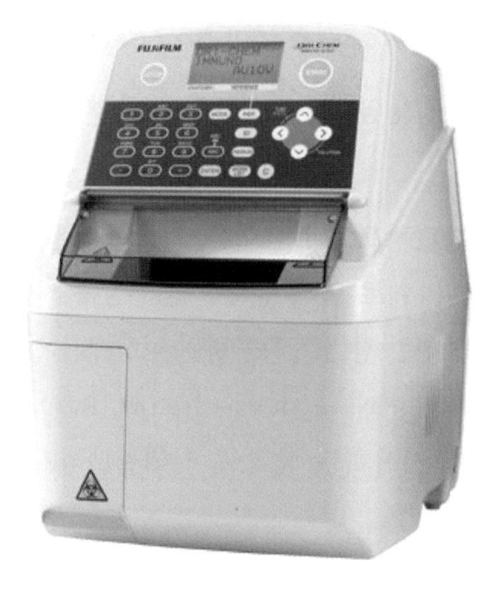

*출처: FUJIFILM

■ 혈액응고분석기(Coagulation analyzer)

동물병원 임상에서 혈액응고 장애와 관련한 질환을 진단하기 위해 도움을 주는 장비이다. 혈액응고와 관련한 프로트롬빈 시간(Prothrombin time), 활성화 부분트롬보플라스틴 시간(Activated partial thromboplastin time) 등을 측정한다. 또한 fibrinogen 수치도 측정할 수 있다.

그림 1-11 혈액응고분석기(Coagulation analyzer)

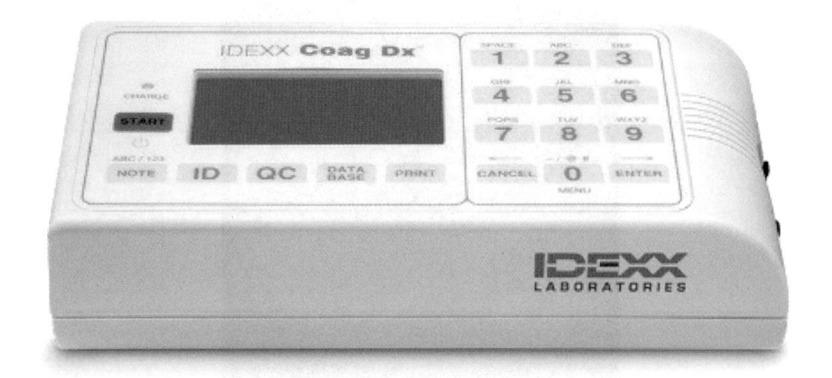

*출처: IDEXX

6 기타 장비 및 시약

병원균에 감염된 환자의 치료 효과를 높이기 위해, 적절한 항생제를 선택하는 것은 중요하다. 이에 항생제 감수성검사(Antibiotic susceptibility testing)가 필요할 수 있다. 보통 소동물 임상에서는 디스크 확산법(Disc diffusion method)을 이용하여 세균에 대한 항생제 감수성을 측정하고 있다. 세균이 항생제에 감수성이 있는 경우, 특정 농도 이상의 항생제 디스크 주위에 세균의 성장이 억제되어, 동그란 모양의 억제 영역이 형성된다(그림 1-12). 이 영역의 지름을 측정하여 세균에 대한 항생제 감수성 정도를 확인할 수 있다. 검사를 수행하기 위해서 배양기(Incubation), 배지, 항생제 디스크, 디스크 디스펜서, 접종 루프, 피펫, 디스크 확산 판독판 등이 구비되어야 한다.

그림 1-12 항생제 디스크 주위에 세균의 성장이 억제되어, 동그란 모양의 억제 영역 형성

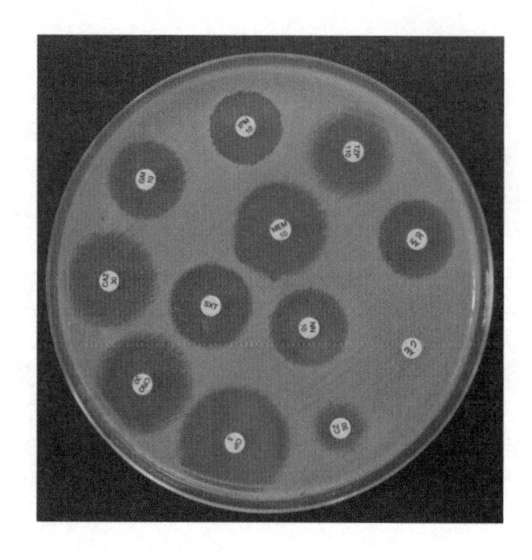

*출처: Janet Hinder

혈액 한천배지(Blood agar)는 살균한 한천배지에 섬유소를 제거한 동물의 혈액을 첨가한 배지로, 호기성 균 분리 또는 용혈성 세균을 검사하기 위해 사용한다. 그 외 장내 세균검사에 주로 이용되는 MacConkey agar, 그람 음성 장내 세균 분리 및 감별 용도의 Eosin-Methylene blue agar, 진균 배양을 위한 Sabouraud dextrose agar, 디스크 확산법에 의한 세균의 항생제 감수성검사를 위한 Mueller-Hinton agar, 피부사상균 검출을 위한 Dermatophyte test media 등이 있으며, 주로 전문 실험실에서 사용하고 있다.

우드램프(Wood lamp)는 긴파장 자외선을 방출하는 휴대용 장비이다. 이를 이용하여 일부 곰팡이성 피부병 검사를 할 수 있다. 소동물 임상에서는 microsporum canis 감염으로 인한 피부 사상균증을 진단하는 데 사용한다(그림 1-13). 자외선에 노출되면 Microsporum canis가 감염된 모발에서 분리된 균의 30~80% 정도가 트립토판 대사산물로 인한 황록색(yellow-green) 형광을 나타내게 된다. 대사산물은 활발하게 자라는 모발에 침입한 피부사상균에 의해서만 생성된다. 이는 빠르고 간단한 검사이지만, 진단에 있어 민감도와 특이도는 매우 낮다.

그림 1-13 피부사상균증이 의심되는 고양이의 우드램프검사
(눈과 입 주위 apple-green 색을 띈다.)

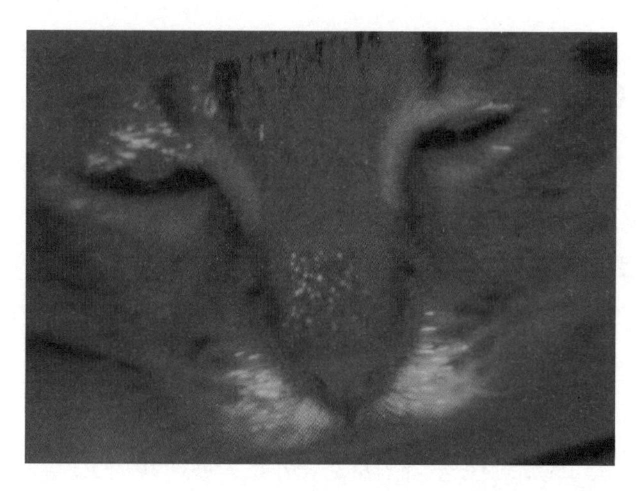

*출처: Photograph by Craig Greene © 2004 University of Georgia Research Foundation Inc.
Greene: Infectious Diseases of the Dog and Cat, 4th Edition
Copyright © 2012, 2005, 1998, 1990 by Saunders, an imprint of Elsevier Inc.

소동물 임상에서는 다양한 염색약이 사용될 수 있다. 로마노프스키 염색약(Romanowsky stain)은 혈액세포검사 및 혈액 내 기생충검사에 주로 사용될 수 있다. Hematoxylin 염색약은 염기성 조직을 파란색으로, eosin 염색약은 산성조직을 빨간색으로 염색하는 성질이 있다. 소동물 임상에서는 신속하고 간편하게 사용할 수 있는 Diff-Quik 염색약이 많이 사용되며, 특히 혈액 내 기생충검사를 위해 Giemsa 염색 또는 Leishman's 염색약이 사용되기도 한다. 뉴메틸렌블루 염색(New Methylene blue stain)은 초생체(Ultravital) 염색약으로, 성숙적혈구에서 볼 수 없는 망상적혈구 내 호염기성 RNA가 망상물(Reticulum)이나 과립으로 응집하여 진한 청색의 봉입체를 형성하므로, 이를 확인하는 데 사용할 수 있다.

실험실 환경 관리 및 실험실 결과 해석

1 실험실 환경 관리

동물병원은 자체적으로 다양한 장비를 갖춘 검사실을 운영하며, 여러 가지 검사를 수행하고 있다. 동물병원의 특성상 인수공통전염병 위험성은 상시 존재하고 있으며, 검사 시료를 무균적으로 처리하고, 작업환경을 일상적으로 소독하는 것은 병원 내 근무자들의 안전을 위해 매우 중요한 부분이다. 다음과 같은 주의사항을 지키도록 한다.

- 실험실 가운, 고글, 장갑 등 개인보호장비를 착용해야 하고, 발가락이 열려 있는 신발은 신지 않는다.
- 어떤 음식이나 음료도 실내에서 섭취하지 않는다. 또한 냉장고를 포함한 실험실 공간에 보관해서는 안 된다.
- 실험실 공간에서 흡연 및 화장을 하지 않는다.
- 실험실에서 아무것도 입에 넣지 않도록 한다(예. 피펫, 주사기 바늘 뚜껑, 연필 등).
- 실험실에 들어오고 나갈 때 항상 손을 씻어야 한다.
- 보호자 및 방문객은 항상 동행해야 한다.
- 모든 물질의 올바른 라벨링은 필수적이다.
- 실험실은 항상 깔끔하게 유지되어야 하며, 특히 바닥은 자주 청소하도록 한다.
- 진료나 처치가 끝날 때마다 처치대를 소독해야 한다.
- 장비에 대한 지침을 따라야 한다.
- 폐기물은 올바른 방법으로 폐기해야 한다. 동물병원 내에서 발생한 폐기물은 정해진 방법과 절차대로 폐기되어야 하며, 폐기물 용어의 정의는 다음과 같다.
  - A. '폐수'라 함은 물에 액체성 또는 고체성의 수질오염물질이 혼입되어 그대로 사용할 수 없는 물을 말한다(수질 및 생태계 보전에 관한 법률 제2조4항).
  - B. '지정폐기물'이라 함은 사업장폐기물 중 폐유·폐산 등 주변환경을 오염시킬 수 있거나 의료폐기물 등 인체에 위해를 줄 수 있는 유해한 물질을 말

한다(폐기물관리법 제2조4항).

C. '의료폐기물'이라 함은 보건·의료기관, 동물병원, 시험·검사 기관 등에서 배출되는 폐기물 중 인체에 감염 등 위해를 줄 우려가 있는 폐기물과 인체 조직 등 적출물, 실험 동물의 사체 등 보건 · 환경보호상 특별한 관리가 필요하다고 인정되는 폐기물을 말한다(폐기물관리법 제2조5항).

- 위해의료폐기물
  - 조직물류폐기물: 인체 또는 동물의 조직·장기·기관·신체의 일부, 동물의 사체, 혈액·고름 및 혈액생성물(혈청, 혈장, 혈액제제)
  - 병리계폐기물: 시험·검사 등에 사용된 배양액, 배양용기, 보관균주, 폐시험관, 슬라이드, 커버글라스, 폐배지, 폐장갑
  - 손상성폐기물: 주사바늘, 봉합바늘, 수술용 칼날, 한방침, 치과용침, 파손된 유리재질의 시험기구
- 일반의료폐기물
  - 혈액·체액·분비물·배설물이 함유되어 있는 탈지면, 붕대, 거즈, 일회용주사기, 수액세트 등(※ 의료폐기물이 아닌 폐기물로 의료폐기물과 혼합되거나 접촉된 폐기물은 의료폐기물과 동일한 폐기물로 본다.)

동물병원 내에서 위해물질을 다룰 경우, 물질안전보건자료(MSDS)를 비치하여 병원 내 근무자들이 화학물질과 관련된 위해요소를 항상 확인할 수 있어야 한다. MSDS에는 구성물질의 이름, 성분, 유해성, 위험성, 보관방법, 다룰 때 주의할 점, 필요한 보호구, 몸에 묻거나 섭취했을 때 응급조치등 여러 가지 정보가 기록되어 있다.

그림 1-14 산업안전보건법에 따라 사업주가 비치해야 할 MSDS 예시

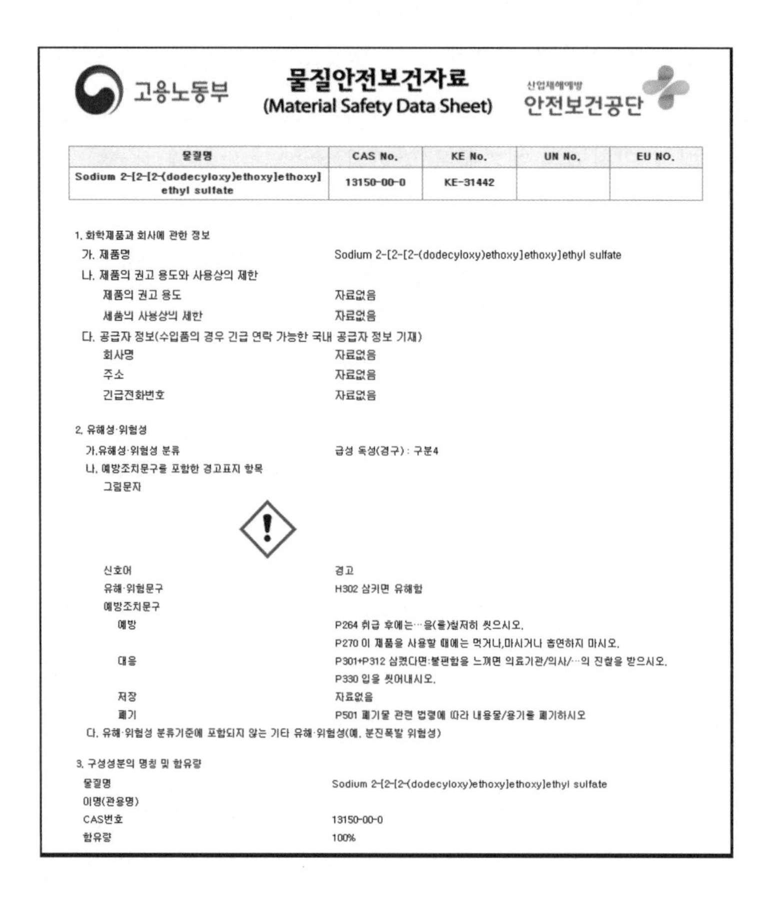

고용노동부

물질안전보건자료
(Material Safety Data Sheet)

산업재해예방 안전보건공단

물질명	CAS No.	KE No.	UN No.	EU NO.
Sodium 2-[2-[2-(dodecyloxy)ethoxy]ethoxy] ethyl sulfate	13150-00-0	KE-31442		

1. 화학제품과 회사에 관한 정보

가. 제품명	Sodium 2-[2-[2-(dodecyloxy)ethoxy]ethoxy]ethyl sulfate
나. 제품의 권고 용도와 사용상의 제한	
제품의 권고 용도	자료없음
제품의 사용상의 제한	자료없음
다. 공급자 정보(수입품의 경우 긴급 연락 가능한 국내 공급자 정보 기재)	
회사명	자료없음
주소	자료없음
긴급전화번호	자료없음

2. 유해성·위험성

가.유해성·위험성 분류	급성 독성(경구) : 구분4
나. 예방조치문구를 포함한 경고표지 항목	
그림문자	
신호어	경고
유해·위험문구	H302 삼키면 유해함
예방조치문구	
예방	P264 취급 후에는…을(를)철저히 씻으시오.
	P270 이 제품을 사용할 때에는 먹거나,마시거나 흡연하지 마시오.
대응	P301+P312 삼켰다면:불편함을 느끼면 의료기관/의사/…의 진찰을 받으시오.
	P330 입을 씻어내시오.
저장	자료없음
폐기	P501 폐기물 관련 법령에 따라 내용물/용기를 폐기하시오
다. 유해·위험성 분류기준에 포함되지 않는 기타 유해·위험성(예. 분진폭발 위험성)	

3. 구성성분의 명칭 및 함유량

물질명	Sodium 2-[2-[2-(dodecyloxy)ethoxy]ethoxy]ethyl sulfate
이명(관용명)	
CAS번호	13150-00-0
함유량	100%

2 실험실 결과 해석

실험실검사 결과는 병력, 신체검사, 기타 보조검사(초음파, 방사선 촬영 등)와 서로 연계하여 해석하여 정확한 진단을 할 수 있다. 환자의 질병 진단 및 치료 계획은 이와 같은 결과들을 기반으로 이루어지기 때문에, 실험실 결과의 일관성과 신뢰도는 매우 중요한 부분이다. 실험실검사 결과는 단독으로 해석해서는 안 되며, 사용된 실험실검사 방법과 부적절한 시료 수집 및 취급으로 인해 발생할 수 있는 오류를 배제할 수 있어야 한다.

따라서, 실험실에서 사용되는 장비는 우수한 작동 상태를 유지하고, 정기적으로 서비스를 받고, 제조업체가 권장하는 대로 교정 및 청소하고, 적절하게 사용하는 것이 필수적이다. 그럼에도 불구하고, 환자의 질병 외에 많은 요인들이 실험실

검사 결과에 영향을 미칠 수 있다. 그 요인들은 분석 전(pre-analytical), 분석 시(analytical), 분석 후(post-analytical)로 구분하여 다룰 수 있다. 실험실검사 결과에 영향을 미치는 대부분의 오류는 분석 전(pre-analytical) 단계에서 발생하기 쉽다. 즉, 품질이 낮은 검체, 검체 수집 전 환자의 상태(예. 흥분, 섭취한 음식물 또는 약물 등), 검체 수집 및 취급 오류, 검체 식별 오류 등이 있다. 분석 시(analytical) 요인으로는 장비 오작동, 시약 불량, 품질 관리(QC) 불량 등이 있다. 분석 후(post-analytical) 요인으로는 잘못된 결과 해석(예. 환자의 품종 및 연령과 관련), 검사 결과 보고 지연 등이 있다.

그러므로 위 3가지 유형에 오류에 해당하는 요소들을 최대한 제거할 수 있다면, 검사 결과의 정확도와 신뢰도를 높일 수 있을 것이다. 또한, 다음과 같은 사항을 지키도록 한다.

- 검사 장비 제조업체의 지시 사항을 정확하게 따른다.
- 정상 판정과 비정상 판정에 익숙해진다. 대부분의 검사 결과 값은 장비에서 제공되는 정상범위 값을 기준으로 판독할 수 있으며, 검사 결과 값이 특정 질병의 유무에 따라 나오는 것이라면, 다음을 이해해야 한다.
  - 참양성(True Positive): 환자가 특정 질병을 앓고 있음을 정확하게 식별한 결과
  - 참음성(True Negative): 환자가 특정 질병을 앓고 있지 않은 것으로 정확하게 식별한 결과
  - 위양성(False Positive): 환자가 특정 질병을 앓고 있다고 잘못 식별한 결과
  - 위음성(False Negative): 환자를 특정 질병이 없는 것으로 잘못 식별한 결과
- 일일, 주간, 월간 사용 기록을 포함하여 장비를 운용한 모든 활동을 기록한다.
- 병원 내 검사 방법을 표준화한다. 즉, 대소변검사, 혈액검사, 혈액생화학검사, 도말염색검사 등에 대해 검사자와 상관없이 동일한 방식으로 검사를 수행해야 한다.
- 판독의 정확성을 확인하기 위해 두 번 이상 테스트를 수행할 수 있도록 충분한 표본을 준비한다.

Chapter

02

혈액검사

Chapter 02

혈액검사

학습목표

- 적혈구, 백혈구, 혈소판의 형태와 기능을 설명할 수 있다.
- 혈액 검체 채취에 필요한 물품을 준비하고 전용 용기에 채취할 수 있다.
- 일반혈액검사(전혈구검사), 혈액화학검사, 전해질검사, 응고계검사, 혈액형검사의 과정을 설명하고 수행할 수 있다.

I 혈액검사 총론

1 혈액의 종류와 특징

혈액은 동물의 종류에 따라 약간의 차이는 있지만 체중의 약 8%를 차지한다. 혈액은 체내의 혈관을 순환하며 산소와 영양분을 공급하고 노폐물을 체외로 운반하는 기능을 한다. 혈액은 혈액 세포(혈구)와 혈장으로 구성된다. 혈액을 원심분리하면 두 층으로 분리되며 상층으로 분리되는 약 55% 정도의 액체 부분은 혈장이고, 하층으로 분리되는 약 45% 정도의 고형 부분은 혈액 세포(혈구)이다.

2 혈액 세포

혈액 세포는 혈액 내 고형 성분으로 적혈구, 백혈구, 혈소판으로 이루어져 있다. 혈액 세포는 뼛속에 있는 골수의 조혈 모세포로부터 생성된다. 전체 혈액 세포의 약 99%는 적혈구가 차지하고 백혈구와 혈소판은 약 1% 정도를 차지한다. 혈액이 붉은 이유는 혈액 세포 대부분을 차지하고 있는 적혈구의 헤모글로빈 성분 때문이다.

■ 적혈구

적혈구는 핵이 없고 양면이 오목한 형태로, 철 성분을 가지는 단백질인 헤모글로빈이라는 붉은 색소를 함유하고 있다. 적혈구의 주요 기능은 헤모글로빈이 산소와 결합하기 때문에 허파에서 산소를 받아들여 몸의 각 조직으로 산소를 운반하는 역할을 한다. 또한 조직세포에서 생성된 이산화탄소를 허파로 운반해서 체외로 배출하는 역할도 한다. 적혈구의 수명은 120일 정도이며 90%는 간과 비장과 같은 단핵식세포계(Mononuclear phagocyte system)에서 선택적으로 파괴되며 일부인 10%는 혈관 내에서 용혈로 파괴된다. 적혈구 생성은 신장에서 분비되는 에리트로포이에틴(Erythropoietin) 호르몬에 의해 조절된다. 적혈구가 부족하면 조직의 대사에 필요한 산소를 충분히 공급하지 못해 저산소증을 초래하는 빈혈이 발생한다.

■ 백혈구

백혈구는 핵을 가지고 있는 혈액 세포로 동물 체내에 침입한 병원체나 이물로부터 질병이 발생하지 않도록 보호하는 역할을 한다. 백혈구를 염색하여 현미경으로 관찰했을 때 세포질 내 과립의 존재 여부에 따라 과립 백혈구와 무과립 백혈구로 나뉜다. 과립 백혈구는 전체 백혈구의 약 70% 정도를 차지하고 있으며, 염색 형태에 따라 호중구, 호산구, 호염기구로 나눌 수 있다. 무과립 백혈구는 세포질 내에 과립이 존재하지 않으며 림프구와 단핵구가 이에 속한다. 백혈구는 종류에 따라 체내에서 서로 다른 역할과 기능을 한다.

■ 혈소판

혈소판은 작고 핵이 없는 혈액 세포로 혈액 응고에 관여한다. 상처가 났을 때 혈소판은 가장 먼저 활성화되어 손상된 혈관 벽에 부착되고 섬유소원, 혈액 세포들과 그물처럼 엉켜 굳으면서 딱지를 형성하여 출혈 부위를 막아 지혈 작용을 한다. 혈소판이 부족한 경우 멍이 잘 들고 쉽게 출혈이 발생한다.

3 혈장

혈장은 투명한 액체 성분으로, 약 90%는 물이고 나머지 약 10%는 단백질, 이온, 무기질, 비타민, 호르몬 등으로 구성되어 있다. 혈장은 영양소, 호르몬, 항체, 노폐물 등을 운반하고 삼투압과 체온을 유지하는 기능을 담당한다. 혈장 중 혈장 단백질은 약 7% 정도로 주로 알부민과 글로불린으로 이루어져 있으며, 대부분 간에서 생성된다.

4 혈액 채취와 보관

정확한 혈액검사를 위해서는 동물로부터의 혈액 채취 과정 및 검사 방법에 적합한 항응고제와 검체 용기의 선택이 무엇보다 중요하다. 채혈 전 동물의 정보를 확인하고 동물이 안정된 상태에서 검체를 채취하도록 한다. 혈액은 공복에 채취하는 것이 좋으며 콜레스테롤, 혈당검사 등은 8시간 이상 금식한 후에 실시한다.

■ 혈액 채취

개와 고양이의 혈액 채취는 요골쪽피부정맥, 외측복재정맥, 목정맥에서 실시한다. 가장 일반적으로 요골쪽피부정맥에서 시행하고, 많은 양의 혈액이 필요한 경우 목정맥에서 실시한다. 혈액 채취를 위해서는 클리퍼, 토니켓, 주사기, 혈액 검체 용기, 알코올 솜 등이 필요하다. 혈액을 채취할 때는 동물이 움직이지 않도록 안정적으로 보정하는 것이 중요하다.

5 혈액 검체

혈액검사에 전혈, 혈장, 혈청 등이 검체로 사용된다.

6 항응고제

일반혈액검사(Complete Blood Count, CBC)는 전혈구검사라고도 하며 혈구 세포의 수, 비율, 형태를 검사하는 것으로 혈액이 응고되지 않도록 하는 것이 중요하다. 혈액은 혈관 밖으로 나오는 즉시 응고되기 시작한다. 혈액이 응고되지 않도록 차단하는 물질을 항응고제라고 한다.

항응고제로는 EDTA, 헤파린, 구연산나트륨 등이 있다. 일반혈액검사를 위해서는 혈구 세포의 보존력이 우수한 EDTA 항응고제가 주로 사용된다.

7 혈액 검체 튜브

검사하는 목적과 항목에 따라 다양한 검체 튜브가 사용된다. 각 검체 용기에는 검사의 특성에 따라 서로 다른 항응고제 등 첨가제가 포함되어 있고 검체 튜브 마개의 색상으로 구별한다. 보라색은 EDTA, 녹색은 헤파린 항응고제가 포함되어 있으며, 적색은 항응고제가 포함되지 않은 플레인 튜브(Plain tube)이다(그림 2-1).

■ EDTA 튜브

항응고제인 EDTA가 혈액 1mL당 1.8mg이 들어 있다. EDTA 튜브에 혈액 검체를 담을 때에는 정해진 용량을 넣어야 한다. 혈액량이 너무 많으면 항응고 작용의 효과가 떨어지게 되고, 너무 적으면 혈구 손상을 일으킨다. 혈액을 EDTA 튜브에 담은 후에는 혈액이 항응고제와 잘 섞일 수 있도록 조심스럽게 충분히 흔들어 준다. 강하게 채혈병을 흔들면 용혈이 발생할 수 있다. 만약 혈액 튜브용 롤러 교반기가 있다면 활용하면 된다. 주로 일반혈액검사(CBC)와 혈액 도말검사에 사용된다. 튜브 색상은 연보라색이다.

■ 헤파린 튜브

항응고제인 헤파린이 들어 있어 혈액이 응고되는 것을 방지한다. 주로 혈장을 이용한 혈액 화학검사에 사용된다. 헤파린은 혈액 응고 과정 중 트롬빈의 형성을 방해하거나 중화함으로써 약 24시간 동안 응고를 방지한다. 튜브의 색상은 녹색이다.

■ SST 튜브(Serum separate tube)

혈청 분리 촉진제와 젤이 들어 있어 혈청 분리가 쉽다. 용기 밑에 있는 젤 성분은 원심 분리를 할 때 혈청과 혈액 세포가 섞이지 않고 분리되도록 한다. 플레인 튜브(Plain tube)보다 혈청을 빨리 분리할 수 있다. 튜브의 색상은 노란색이다.

■ 플레인 튜브(Plain tube)

혈청 분리 촉진제가 포함되어 있다. 혈액을 8~10회 정도 흔들어 섞어 준 다음 1시간 정도 방치시켜 혈액을 응고시킨다. 이후 응고된 혈액을 원심 분리하여 혈청을 얻는다. 혈청과 혈액 세포를 분리해 주는 젤이 없어서 원심 분리 후 흔들면 서로 섞일 수 있다. 튜브의 색상은 빨간색이다.

그림 2-1 각종 채혈병

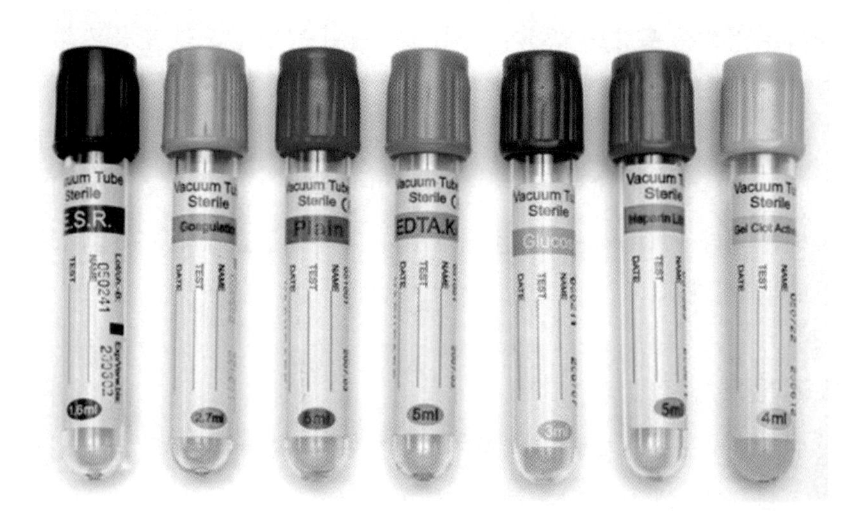

II 혈액학검사

1 말초혈액도말검사(Peripheral blood smear examination)

말초혈액도말검사는 슬라이드글라스 위에 혈액을 얇게 펼쳐, 현미경을 통해 혈구세포 수 및 세포의 형태학적 특성을 관찰하는 데 사용되는 방법이다. 세포가 너무 멀리 퍼지거나, 두껍게 겹치지 않고 고르게 분포된 도말 영역을 만드는 것이 중요하다.

수행 말초혈액도말검사

준비물

- 항응고제 처리가 된 전혈
- 슬라이드글라스
- 모세관 튜브
- 렌즈 티슈

순서

1) 깨끗하고 먼지가 없는 현미경 슬라이드 두 개를 준비한다.
   슬라이드가 더럽거나 먼지가 많다면, 렌즈 티슈를 사용하여 닦도록 한다.
2) 튜브 속 혈액을 부드럽게 여러 번 뒤집어 혈액이 골고루 섞이도록 한다.
   혈액이 잘 섞이지 않으면, 세포가 가라앉아, 세포분포가 균일한 도말을 얻기 힘들다.
3) 모세관 튜브를 이용해, 슬라이드 끝에 작은 혈액 방울(2~3mm)을 떨어뜨린다.
4) 또 다른 슬라이드를 '스프레더(spreader)'로 사용한다. 즉, 하단 슬라이드는 바닥에 고정하고, 엄지손가락과 집게손가락을 사용하여 스프레더 슬라이드를 잡고, 혈액 방울이 떨어진 지점에서 잠시 멈췄다가, 바닥과 30~40° 각도로 부드럽고 유연하게 한 번에 슬라이드 끝까지 밀어낸다. 이때, 각도를 바꾸거나 스프레더 슬라이드를 하단 슬라이드에서 들어 올려서는 안 된다.

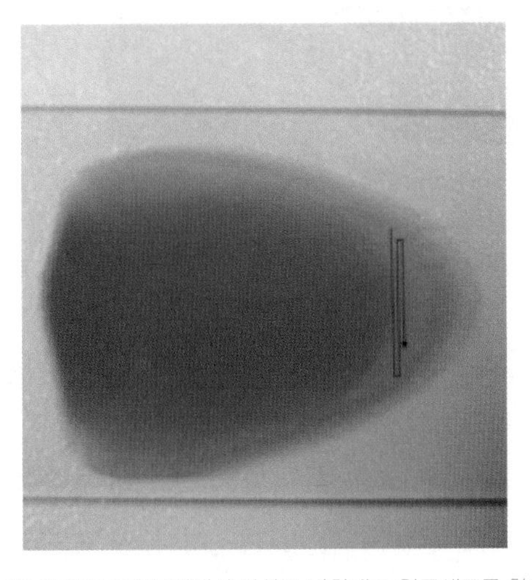

도말표본에서 끝의 단층부위에서 화살표 방향대로 혈구세포를 확인한다.

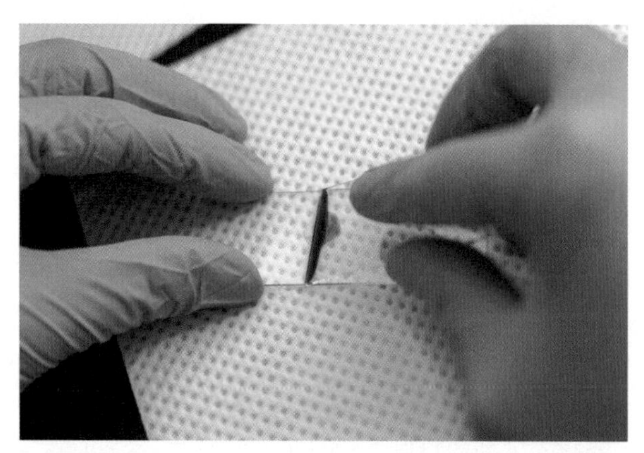

바닥과 30°~40° 각도로 부드럽고 유연하게 한 번에 슬라이드 끝까지 밀어낸다.

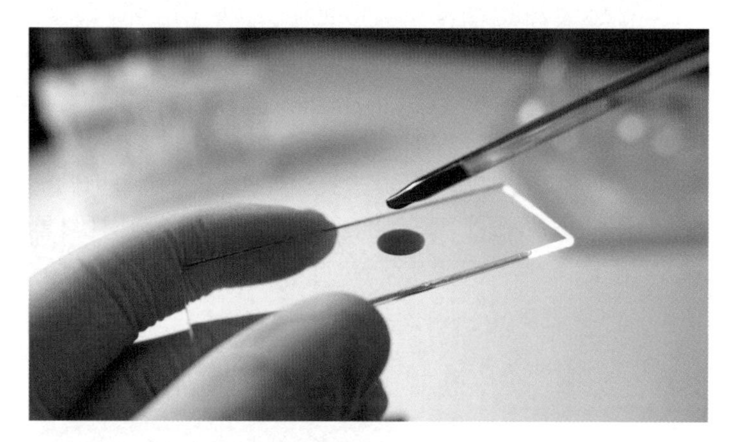

모세관 튜브를 이용해, 슬라이드 끝에 작은 혈액 방울(2~3mm)을 떨어뜨린다.

좋은 도말표본은 도말부위가 슬라이드의 3/4정도를 차지하고, 대칭적이며, 총알 모양을 띤다. 현미경으로 관찰했을 때 세포층이 단층이어야 한다. 빈혈 환자의 혈액일 경우, 더 높은 각도로 도말하고, 탈수가 심한 환자의 혈액(농도가 높은)은 도말 각도를 낮추면 세포가 얇고 골고루 퍼지는 데 도움이 된다. 빈혈이나 탈수 환자의 혈액은 평소보다 묽거나 진할 수 있기 때문이다. 세포의 다양한 구성 요소를 확인하기 위해 주로 Romanowsky 타입 염색약을 사용하며, 망상적혈구나 하인즈 소체를 판별하기 위해서는 New methylene blue 염색약을 사용한다. Romanowsky 타입 염색약은 Diff-Quik으로 시판되고 있으며, 세 가지 용액으로 구성된다. 첫 번째 용액은 고정액(Fixative Solution)으로 95% 메탄올이다. 두 번째 용액인 에오신(Cosin)은 산성 pH를 가지며 세포질과 호산구성 과립을 염색한다. 세 번째 용액인 메틸렌 블루는 pH가 알칼리성이며 세포의 핵을 염색한다. 일반적으로 슬라이드를 각 용액에 1초씩 5번 담구어 염색한다. 마지막으로 슬라이드를 증류수로 헹구고, 헤어드라이어를 사용하거나 슬라이드를 흔드는 등의 빠른 건조는 혈구 모양을 변형시킬 수 있으므로, 자연건조를 하는 것이 좋다. 도말을 완전히 공기건조시킨 후 세포와 그 특성을 확인하도록 한다.

■ 말초혈액도말검사에서의 적혈구 이상 형태

그림 2-2 다양한 적혈구 염색상 및 크기 이상

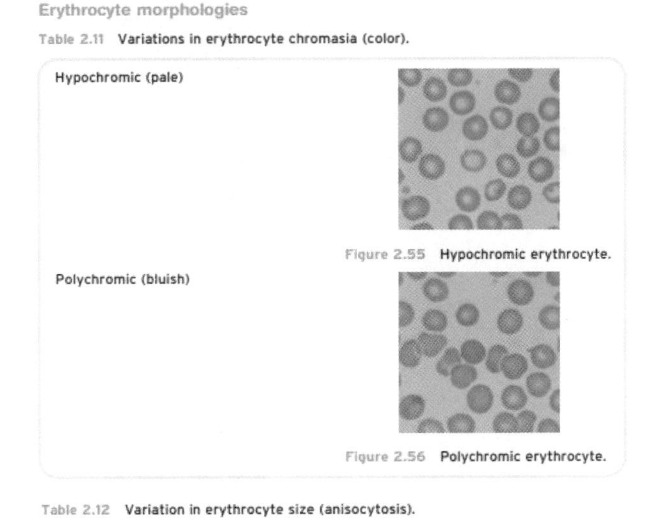

*출처: Veterinary Technician's Handbook of Laboratory Procedures

그림 2-3 적혈구에 존재하는 이상 봉입체들

Table 2.13 **Erythrocyte inclusion bodies.**

Basophilic stippling	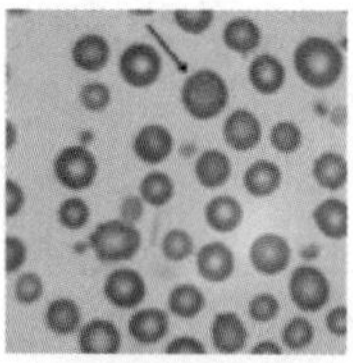 Figure 2.59 **Basophilic stippling.**
Howell-Jolly bodies	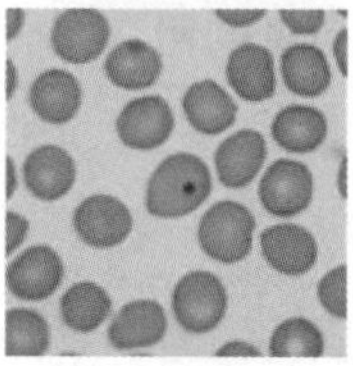 Figure 2.60 **Howell-Jolly body.**
Heinz bodies (Diff-Quik stain)	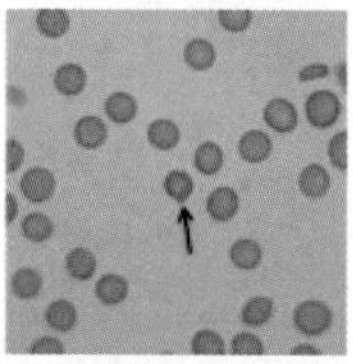 Figure 2.61 **Heinz body (Diff-Quick stain).**
Heinz bodies (new methylene blue stain)	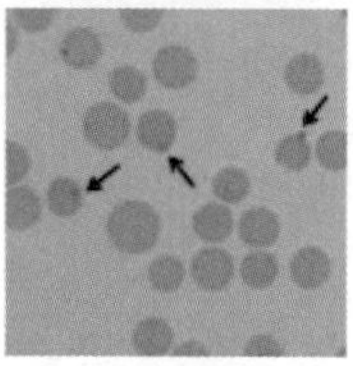 Figure 2.62 **Heinz body (new methylene blue stain).**

*출처: Veterinary Technician's Handbook of Laboratory Procedures

2 적혈구용적(Packed Cell Volume, PCV) 측정

혈액은 세포와 혈장의 혼합물이다. PCV는 혈액 중 세포의 비율을 측정한 것으로, 값은 혈액 내 세포의 백분율로 표시한다. 예를 들어, PCV가 40%라는 것은 혈액 100ml에 세포가 40ml 존재한다는 뜻이다. 개와 고양이의 정상 PCV는 35~50%이다. PCV는 적혈구 수와 크기에 따라 수치가 다르게 나타난다. 총적혈구량이 정상인 상태에서 PCV가 정상보다 높을 경우, 심각한 탈수, 혈청 총단백질 증가(예. 극심한 구토, 설사, 심한 화상 등)와 관련한 혈장량 감소를 나타낸다. PCV가 정상보다 낮게 나오는 가장 흔한 원인은 빈혈이며, 그 외 출혈, 골수 장애, 만성질환, 만성 신장질환, 용혈, 백혈병, 영양실조, 체내 수분 과다 등일 경우가 있다.

수행 적혈구용적 측정

준비물

- 점토
- 리더 카드
- 항응고제 처리된 전혈
- 원심분리기
- 모세관

순서

1) 항응고제 처리된 전혈을 준비한다.
2) 두 개의 모세관에 혈액을 3/4 정도 채우고 한쪽 끝을 점토로 밀봉한다.
   동일한 두 개의 모세관을 준비하는 이유는 원심분리를 위한 평형추 역할과 정확성을 높이기 위해서이다.
3) 원심분리기 홈에 튜브를 서로 바로 맞은편에 놓는다. 이때, 점토가 바깥쪽을 향하도록 한다.
4) 뚜껑을 잘 닫고, 10,000rpm, 5분간 원심분리기를 돌린다(속도와 시간은 기기마다 다양함).

판독

원심분리 후 미세적혈구용적률 튜브의 혈액은 혈장층, 연막층, 적혈구층의 세 층으로 분리된다. 리더 카드를 사용하여 혈장층의 상단을 100라인에 맞추고 하단을 정렬한다. 적혈구층(적혈구와 점토 끝 지점 사이)의 값은 0이다. 측정은 적혈구와 혈장이 있는 적혈구층의 최상부를 읽는다.

오류의 원인

- 잘 섞이지 않은 혈액을 사용하는 경우
- 리더 카드와 튜브의 정렬 불량
- PCV 측정에 연막층(buffy coat) 포함
- 모세관 손상
- 항응고제가 너무 많이 들어간 혈액 사용
- 원심분리가 끝나고 5분 이상 지날 경우, 층이 기울어져 판독하기 힘들다.

그림 2-4 PCV 측정 절차

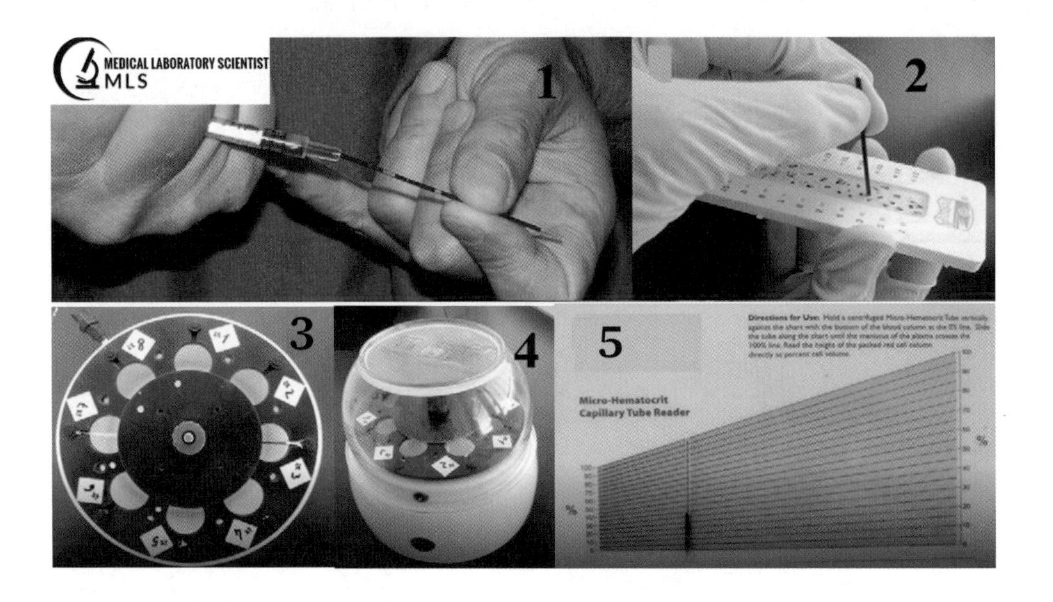

1) 모세관에 혈액을 3/4 정도 채운다.
2) 점토로 모세관의 한 쪽 끝을 막는다.
3) PCV 측정용 원심분리기에 측정할 모세관과 동일한 양의 혈액이 담긴 모세관을 반대편에 장착한다.
4) 10,000rpm 속도로 5분간 원심분리를 한다.
5) 결과값을 판독한다.

3 혈장 평가(Plasma evaluation)

총단백질(총 혈청 단백질)은 PCV 튜브의 혈장 부분을 활용하여 평가할 수 있다. PCV 튜브를 연막층(Buffy coat) 위에서 깨서, 분리된 혈장(액체)을 굴절계에 올려 단백질 농도를 측정할 수 있다. 값은 g/dL(g/100mL) 단위이다. 혈장 색은 환자의 상태를 알려줄 수 있다. 혈장은 정상적으로 투명하거나 연한 밀짚빛 노란색(말은 매우 진한 노란색)을 띠며, 진한 노란색일 경우 간 또는 용혈성 장애로 인한 황달을 의미한다. 적색 혈장은 혈액 채취 기술이 좋지 않거나 질병으로 인한 용혈 상태를 의미하며, 유백색 혈장은 검사 직전 음식섭취 또는 간이나 췌장 문제로 인해 콜레스테롤과 중성지방이 높은 지질혈증 상태를 나타낸다.

그림 2-5 혈장 평가(왼쪽부터 정상 혈액, 빈혈, 혈구증다증)

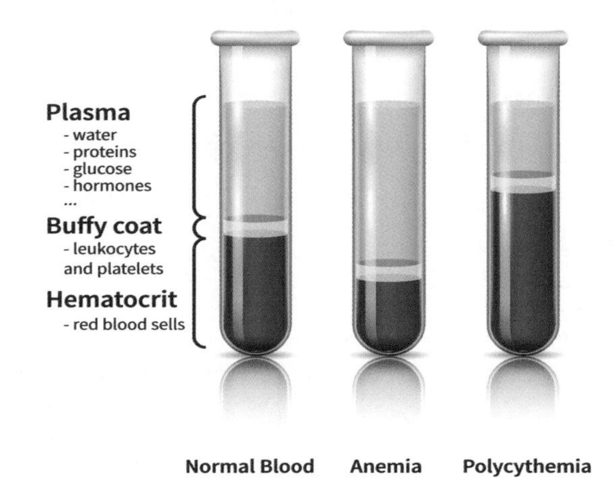

4 적혈구 수 측정(수동)

다음은 적혈구 수 수동 측정 과정이다.

수행 적혈구 수 측정(수동)

준비물

- 항응고제 처리된 전혈
- 1:200 등장 희석액(예. Ery-TIC test kit, Bioanalytic GmbH, Umkirch/Freiburg, Germany)
- Neubauer 혈구계
- 40× 대물렌즈가 장착된 현미경
- 커버슬립(혈구계산기 전용)
- 셀 카운터

순서

1) 희석액 제조사의 지침에 따라 혈액을 희석한다.
2) 혈구계 표면을 깨끗이 닦고, 전용 커버슬립을 위에 놓는다.
3) 모세관 또는 피펫을 사용해서, 희석된 혈액을 혈구계 한쪽 면을 채우도록 떨어뜨린다.

4) 400x 대물렌즈로, 16개의 가장 작은 사각형 중 5개 칸에 있는 RBC 수를 센다.

5) 혈구계의 두 번째 면에 혈액을 채우고, 위와 같이 RBC 수를 센다.

6) 혈구계 그리드의 2면 모두에서 RBC를 측정한 후 총합을 계산한다.

오류의 원인

- 전혈과 희석액의 부적절한 혼합
- 더러운 혈구계산기를 사용하면 적혈구를 구별하기 어려움
- 혈구계 챔버의 불완전한 주입 또는 과도한 주입

그림 2-6 적혈구 수 측정(수동)

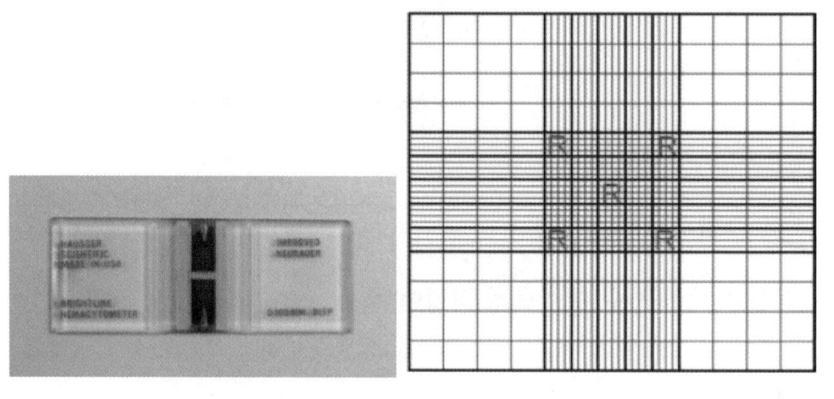

Neubauer 혈구계 'R' 적혈구수 측정을 위한 구역

*출처: Veterinary Technician's Handbook of Laboratory Procedures

5 적혈구 지수(RBC indices)

■ 목적

적혈구 지수 계산은 빈혈 사례를 검사할 때 유용한 도구가 될 수 있다. 이를 통해 환자 검체의 평균 적혈구 크기와 헤모글로빈 농도를 알아볼 수 있다. 이는 종종 빈혈의 유형을 결정하는 데 사용되며, CBC 분석기를 사용하여 측정한다.

■ 평균적혈구부피(Mean Corpuscular Volumn, MCV)

MCV는 양의 지표로서 표본의 평균 RBC 크기를 의미한다. 정상보다 높은 값은 해당 종의 정상보다 큰 거대구성(Macrocytic) 적혈구를 나타낸다. 정상보다 낮은 값

은 소구성(Microcytic) 적혈구로 정상보다 크기가 작음을 나타낸다.

■ 평균적혈구혈색소농도(Mean Corpuscular Hemoglobin Concentration, MCHC)

MCHC는 적혈구 용적에 대한 혈색소 양을 비율(%)로 나타낸 것이다. 정상보다 높은 경우 적혈구에 혈액의 평균 무게보다 많은 양의 혈색소가 포함된 것이고, 정상보다 낮은 값은 적혈구의 헤모글로빈 양이 평균보다 적음을 나타낸다.

6 망상적혈구 수(Reticulocyte count) 측정

재생성 빈혈 여부를 확인하기 위해 망상적혈구 수를 측정할 수 있다.

수행 망상적혈구 수 측정

준비물

- New Methylen Blue(NMB) 염색약
- 전혈
- 현미경 슬라이드
- 멸균된 빨간색 탑 튜브
- 100× 대물렌즈를 갖춘 현미경
- 셀 카운터

순서

얼룩 또는 침전물과 같이 염색의 질을 떨어뜨릴 수 있는 부분을 최소화하기 위해, 염색약은 사용 전 필터링을 한다.

1) 멸균된 빨간색 상단 튜브에 전혈과 필터링 된 NMB 염색을 동일한 비율로 혼합한다.
2) 혼합물을 15~20분 동안 그대로 두고 5분마다 부드럽게 섞는다.
3) 말초혈액도말표본과 같이 도말하고, 자연 건조한다.
4) 망상적혈구 수는 1000× 시야에서, RBC 500개당 몇 개인지 측정한다.
5) 다른 도말표본에 대해 이 과정을 반복한다.

* 빈혈 환자의 망상적혈구 수 계산 참고사항

빈혈일 경우, 총 적혈구 수가 감소하기 때문에 망상적혈구 비율이 실제와 다르게 나올 수 있다. 따라서, 망상적혈구 비율을 교정할 때는 빈혈 환자에게서 순환하는 전체 성숙한 적혈구 수가 감소하여 있음을 고려해야 한다.

7 백혈구 수(White Blood Cell Count, WBC) 측정

다음은 혈액 백혈구 수 수동 측정 과정이다.

수행 혈액 백혈구 수 측정(수동)

준비물

- 항응고제 처리된 전혈
- 1:200 등장 희석액(예. Ery TIC test kit, Bioanalytic GmbH, Umkirch/Freiburg, Germany)
- Neubauer 혈구계
- 40i× 대물렌즈가 장착된 현미경
- 커버슬립(혈구계산기 전용)
- 셀 카운터

순서

1) 희석액 제조사의 지침에 따라 혈액을 희석한다.
2) 혈구계 표면을 깨끗이 닦고, 전용 커버슬립을 위에 놓는다.
3) 모세관 또는 피펫을 사용해서, 희석된 혈액을 혈구계 한쪽 면을 채우도록 떨어뜨린다.
4) 10x 대물렌즈로, 그리드 네 개의 큰 모서리 사각형에 포함된 WBC 수를 센다.
5) 혈구계의 두 번째 면에 혈액을 채우고, 위와 같이 WBC 수를 센다.
6) 혈구계 그리드의 2면 모두에서 WBC를 측정한 후 총합을 계산한다.

오류의 원인

- 전혈과 희석액의 부적절한 혼합
- 더러운 혈구계산기를 사용하면 백혈구를 구별하기 어려움
- 혈구계 챔버의 불완전한 주입 또는 과도한 주입

8 백혈구 감별계산(WBC Differential Count)

WBC 감별계산은 중요한 형태학적 변화를 포함하여 환자 검체 내 개별 백혈구의 비율과 수에 관한 정보를 제공한다. 이는 염증, 감염 및 항원 반응의 경우 유용한 진단 정보를 제공할 수 있다. 400배 배율의 현미경과 말초혈액도말 염색표본을 준비한다. 체계적인 격자 패턴으로 슬라이드를 관찰하여, 최소 100개의 백혈구를 계산한다.

표 2-1 백혈구의 종류와 역할

백혈구 종류	역할
단핵구(Monocyte)	• 특정 감염에 대항하여 싸우는 세포 • 암세포를 파괴하고 이물질에 대한 면역 조절
림프구(Lymphocyte)	• 항체 생성 및 면역 반응에 관여하는 세포 • 감염 또는 림프구 백혈병에서는 증가
호중구, 중성구(Neutrophil)	• 백혈구 중 가장 많음 • 세균 또는 진균 감염 시 증가
호산구(Eosinophil)	• 기생충 감염이나 알러지 질환 시 조직에 침투해 세포성 매개 면역에 주로 관여
호염기구(Basophil)	• 신체 손상과 염증을 조절 • 혈액질환과 중독에서 증가

*출처: Veterinary Technician's Handbook of Laboratory Procedures

그림 2-7 고양이의 백혈구 형태

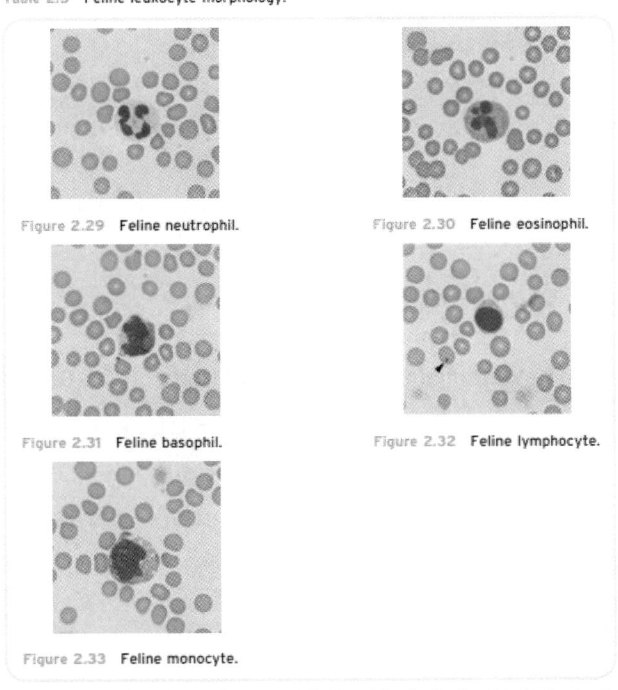

*출처: Veterinary Technician's Handbook of Laboratory Procedures

그림 2-8 개의 백혈구 형태

Table 2.4 **Canine leukocyte morphology.**

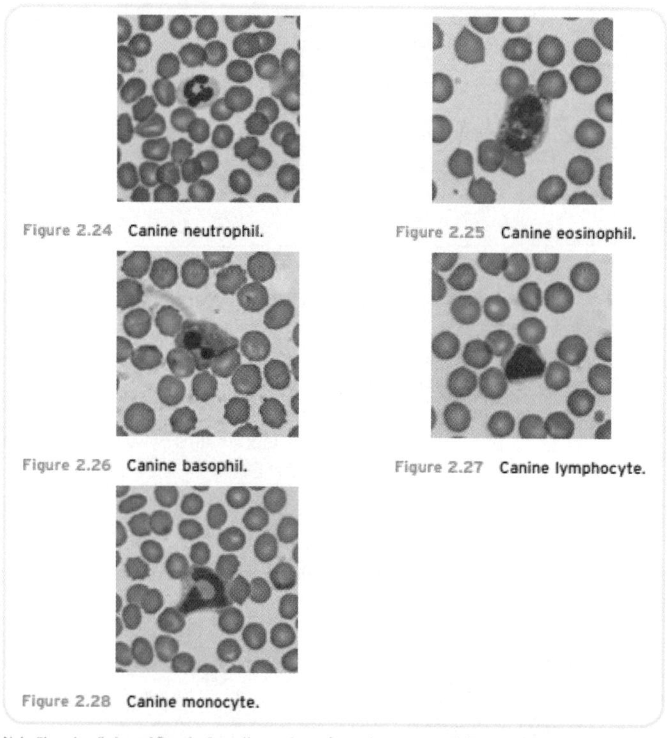

Figure 2.24 **Canine neutrophil.**

Figure 2.25 **Canine eosinophil.**

Figure 2.26 **Canine basophil.**

Figure 2.27 **Canine lymphocyte.**

Figure 2.28 **Canine monocyte.**

Note "teardrop"-shaped Barr body on the nucleus of a canine neutrophil (Figure 2.24). Occurs in females only.

*출처: Veterinary Technician's Handbook of Laboratory Procedures

표 2-2 개와 고양이의 혈액 참고 수치

	Conventional Units(USA)	SI Units	Dog	Cat
PCV	%	× 10-2L/L	35-57	30-45
Hgb	g/dL	× 10 g/L	11.9-18.9	9.8-15.4
RBCs	× 106/mcL	× 1012/L	4.95-7.87	5.0-10.0
Reticulocytes	%	%	0-1.0	0-0.6
Absolute reticulocyte count	× 103/mcL	× 109/L	< 80	< 60
MCV	fL	fL	66-77	39-55
MCH	pg	pg	21.0-26.2	13-17
MCHC	g/dL	× 10 g/L	32.0-36.3	30-36

	Conventional Units(USA)	SI Units	Dog	Cat
Platelets	× 103/mcL	× 109/L	211-621	300-800
MPV	fL	fL	6.1-10.1	12-18
WBCs	× 103/mcL	× 109/L	5.0-14.1	5.5-19.5
Neutrophils	%	%	58-85	45-64
(segmented)	× 103/mcL	× 109/L	2.9-12.0	2.5-12.5
Neutrophils	%	%	0-3	0-2
(band)	× 103/mcL	× 109/L	0-0.45	0-0.3
Lymphocytes	%	%	8-21	27-36
	× 103/mcL	× 109/L	0.4-2.9	1.5-7.0
Monocytes	%	%	2-10	0-5
	× 103/mcL	× 109/L	0.1-1.4	0-0.9
Eosinophils	%	%	0-9	0-4
	× 103/mcL	× 109/L	0-1.3	0-0.8
Basophils	%	%	0-1	0-1
	× 103/mcL	× 109/L	0-0.14	0-0.2
M:E			0.75-2.5	0.6-3.9
Plasma proteins	g/dL	10 g/L	6.0-7.5	6.0-7.5
Plasma fibrinogen	mg/dL	g/L	150-300	150-300

*출처: Latimer KS, Duncan & Prasse's Veterinary Laboratory Medicine: Clinical Pathology, 5th ed., Wiley-Blackwell, 2011; and Weiss DJ, Wardrop KJ,Schalm's Veterinary Hematology, 6th ed., Wiley-Blackwell, 2010.(참고 수치는 기기마다 다소 차이가 날 수 있음)

MCV = mean corpuscular volume

MCH = mean corpuscular hemoglobin

MCHC = mean corpuscular hemoglobin concentration

MPV = mean platelet volume

M:E = myeloid:erythroid ratio

III 혈액화학검사 총론

1 혈액화학검사의 의의

신체 시스템의 기능을 평가하기 위해서는 혈액의 임상화학, 효소 및 화합물의 농도를 분석하여 신체가 얼마나 잘 작동하는지에 대한 결과를 얻을 수 있다. 대부분의 혈액화학검사를 위헤서는 헐청이나 혈장 검체가 필요하다. 일부 분석기에서는 원심분리없이 자동으로 항응고 처리된 혈액에서 혈장을 추출하여 검사를 할 수 있다.

혈청과 혈장은 전혈의 액체 부분이며 단백질, 호르몬, 효소, 항체 및 지질과 같은 각종 화학성분을 포함하고 있다.

2 혈액 검체에 문제가 있을 때 고려할 사항

혈액화학검사의 정확도는 품질이 낮은 검체에 의해 영향을 받을 수 있으며, 이는 검체 채취나 취급에서 문제가 일어날 수 있고 또한 환자의 생리학적 상태와 관련되어 있을 수도 있다. 검체의 품질 문제로는 용혈, 지방혈증, 황달이 있다.

용혈은 적혈구가 파열되는 현상을 나타내며, 원인으로는 채혈 시 직경이 좁은 바늘을 통해 혈액을 채혈하거나 채혈 후 채혈병에서 항응고제와 섞기 위해 세게 흔들 때 발생할 수 있다. 또한 오래된 혈액 검체와 검체를 동결시켰을 때, 용혈성 빈혈 환자에서 나타날 수 있다. 용혈된 검체는 혈장이나 혈청이 오렌지색에서 붉은색을 띠게 된다. 용혈 시 영향을 받는 항목은 AST, GGT, ALP, 칼륨, 인산염, CK, 적혈구 지수이다.

지질혈증은 혈장이나 혈청에 지질이 높아지는 것을 얘기하며 원인으로는 식사가 끝난 지 얼마 지나지 않아 채혈했거나 췌장염 등과 같은 질병에 연관이 있을 수도 있다. 지질혈증을 보이는 혈장이나 혈청은 부옇게 불투명하고 흰색을 나타낸다. 영향을 받는 항목은 나트륨, 염화물, 마그네슘, 중성지방, 리파아제, 담즙산 및 페노바르비탈(Phenobarbital) 수치 등이다.

황달은 혈장이나 혈청 내 빌리루빈 수치가 높아진 것을 말하며 용혈성 빈혈, 간기능 장애 때 나타날 수 있다. 황달이 나타난 검체는 혈장이나 혈청이 진한 노란색을 나타낸다. 영향을 받는 항목은 크레아티닌, 콜레스테롤, GGT 등이다.

혈액 검체의 취급

1 혈장 검체 준비

적절한 항응고제가 포함된 채혈병을 사용하여 혈액 검체를 채취한다. 채혈 중에 응고가 발생하지 않도록 조심한다. 채혈병에 혈액을 담은 후 가볍게 뒤집어서 잘 섞는다.

검체를 2,000~3,000rpm 속도로 10분간 원심분리한다.

세포층을 건드리지 않게 주의하여 상부 혈장을 채취한다.

채취한 혈장은 즉시 검사하거나 검사가 지체될 경우는 냉장 또는 냉동 보관한다.

2 혈청 검체 준비

항응고제가 포함되지 않은 채혈병을 사용하여 혈액 검체를 채취한다.

실온에서 혈액이 완전히 응고될 때까지 기다린다. 약 20~30분 정도가 소요된다. 채혈병의 벽과 혈전 사이에 나무 막대를 대서 조심스럽게 분리한다. 이 과정이 부적절하면 용혈이 발생할 위험이 존재한다.

검체를 2,000~3,000rpm 속도로 10분간 원심분리한다.

세포층을 건드리지 않도록 주의하면서 혈청을 채취한다.

채취한 혈청은 즉시 검사하거나 검사가 지체될 경우는 냉장 또는 냉동 보관한다.

3 참조범위(Reference Range)

참조범위는 정상값이라고도 한다. 특정 혈액 성분에 대한 참조범위는 실험실에서 특정 종의 임상적으로 정상인 동물로부터 채취한 검체를 반복적으로 분석했을 때 도출된 값의 범위이다.

혈액화학검사 항목

1 간기능검사

간은 가장 큰 내부 기관이며 복잡한 구조, 기능을 가지고 있다. 아미노산과 탄수화물 및 지질 대사 등의 기능을 가지고 있다. 또한 알부민, 콜레스테롤, 혈장 단백질, 응고 인자의 합성, 담즙형성과 관련된 영양소의 소화 및 흡수, 빌리루빈 또는 담즙 분비, 독소의 해독 및 특정 약물의 이화 작용과 같은 제거 기능 등 많은 기능을 가지고 있다.

간 질환을 발견하는 데 있어서는 단일 검사보다 여러 다른 검사를 시행하는 것이 좋다.

2 간세포 손상과 관련된 효소

이러한 유형의 간 질환이 있으면 간세포가 손상되고 효소가 혈액으로 누출되어 간세포와 관련된 효소의 혈중 수치가 감지할 수 있을 정도로 증가한다.

■ 알라닌 아미노전이효소(Alanine Aminotransferase, ALT)

ALT는 이전에는 혈청 글루타민 피루브트랜스아미나제(Serum Glutamic Pyruvic Transaminase, SGPT)로 알려졌었다. 개, 고양이, 영장류에서 ALT의 주요 공급원은 간세포이다. 따라서 ALT는 간에 특이적인 효소로 간주한다. 말, 반추 동물, 돼지 및 새의 간세포에는 이 효소가 간에 특이적인 것으로 간주할 만큼 ALT가 충분하지 않다. ALT의 다른 공급원은 신장 세포, 심장 근육, 골격근 및 췌장이다. 이들 조직 중 하나라도 손상되면 ALT의 혈중 농도가 상승할 수 있다. ALT는 특정한 간 질환을 식별할 만큼 정확하지 않기 때문에 간 질환의 선별 검사로 사용된다. ALT의 혈중 농도와 간 손상의 심각도 사이에는 상관관계가 없다.

용혈과 지질혈증은 인위적으로 농도를 높일 수 있으므로 피해야 한다. 검체를 실온이나 냉장고에 24시간 동안 보관해도 결과에는 영향이 없다.

ALT에 대해 분석할 혈청 또는 혈장 검체는 20°C에서 1일 동안, 냉장 상태(0~4℃)에서 1주일 동안 보관할 수 있다. 검체를 냉동하면 안 된다.

■ 아스파테이트 아미노전이효소(Aspartate Aminotransferase, AST)

AST는 이전에는 혈청 글루탐산 옥살아세트산 트랜스아미나제(Serum Glutamic Oxaloacetic Transaminase, SGOT)로 알려졌었다. AST는 간세포에 존재하지만, 적혈구, 심장 근육, 골격근, 신장 및 췌장을 비롯한 많은 다른 조직에서도 상당한 양으로 발견된다. 따라서 AST는 간 질환에 특이적으로 고려되지는 않는다. AST의 혈중 농도 증가는 비특이적인 간 손상을 나타낼 수 있다.

일반적인 AST의 혈중 농도가 증가하는 원인은 간 질환, 근육의 염증 또는 괴사, 용혈 상태이다. AST 수치가 높아지면 혈청 또는 혈장 검체는 맨눈으로 보이는 용혈 여부를 확인해야 한다. 또한 환자의 전혈에 대해 적혈구용적검사를 시행하여 용혈 여부를 확인한다.

용혈과 지질혈증은 AST의 혈중 농도를 증가시킨다. 분석 전에 혈액 검체를 보관한 경우에도 AST 수치가 상승한다.

AST 분석을 위한 검체는 20℃에서 2일, 냉장 상태에서 2주, 냉동 상태에서 몇 달 동안 보관할 수 있다.

3 담즙정체와 관련된 효소

특정 효소의 혈중 농도는 담즙정체(담관 폐쇄) 또는 간세포의 대사 결함으로 인해 상승한다.

■ 알칼리성 인산분해효소(Alkaline Phosphatase, ALP)

ALP는 많은 조직에 동종효소로 존재하는데, 특히 뼈의 조골세포, 연골의 연골모세포, 간의 간쓸개 시스템에 존재한다. ALP는 이러한 다양한 조직에서 동종효소로 발생하기 때문에 동종효소의 출처나 손상된 조직의 위치는 외부 전문실험실의 특수 분석을 통해 확인할 수 있다.

어린 동물에서 대부분의 ALP는 활발한 뼈 발달로 인해 조골세포와 연골모세포에서 유래한다. 나이가 많은 동물에서는 뼈 발달이 안정화되면서 대부분의 ALP는 간에서 발생한다.

ALP 농도는 개와 고양이의 담즙정체를 감지하는 데 가장 자주 사용된다.

실온에서 24시간 이내로 보관하면 결과에 거의 영향을 미치지 않는다. 그러나 실온에서 24시간 이상 보관된 검체는 ALP 값이 증가할 수 있다.

■ 감마 글루타밀트랜스펩티다아제(Gamma Glutamyltranspeptidase, GGT)

GGT는 많은 조직에서 발견되지만 주요 공급원은 간이다. 소, 말, 양, 염소는 개와 고양이보다 혈액 GGT 활동이 더 높다. GGT의 다른 공급원으로는 신장, 췌장, 장 및 근육 세포이다. 혈액 GGT 수치는 간 질환, 특히 폐쇄성 간 질환의 경우 상승한다.

용혈은 검사 결과에 영향을 미치지 않지만 적혈구와 장기간 접촉하면 결과에 영향을 미칠 수 있다.

GGT 측정을 위한 검체는 20°C에서 2일, 냉장상태에서 1주, 냉동상태에서 1개월 동안 보관할 수 있다.

■ 담즙산(Bile acid)

담즙산은 간에서 생성되어 담즙으로 배출된 후, 소장에서 재흡수되어 문맥 순환을 통해 간으로 돌아간다. 식사 후 담낭이 수축하면서 더 많은 양의 담즙을 십이지장으로 배출하기 때문에 정상적으로 식사 후 혈청 담즙산 수치가 상승한다. 따라서 담즙산검사를 위해서는 금식한 환자의 혈액을 채취해야 한다. 혈청 담즙산 수치 상승은 간이나 문맥 순환의 이상을 나타낼 수 있다.

혈청 쓸개즙산 수치 상승은 선천성 간문맥 단락, 만성 간염, 간경변, 담즙정체 또는 신생물과 같은 간 질환을 나타낼 수 있다. 쓸개즙산 수치는 간 문제의 종류에 대한 특정 정보를 제공하지 않으므로 간 질환의 선별 검사로 사용된다. 담즙산 수치는 동물이 황달이 되기 전에 간 문제를 감지할 수 있으며, 치료 중 간 질환의 진행을 추적하는 데에도 사용할 수 있다.

용혈 및 지방혈증은 측정치를 잘못 낮출 수 있다.

■ 빌리루빈(Bilirubin)

빌리루빈은 헤모글로빈 헴 부분의 대사 산물이다. 적혈구가 용혈되면 헴 색소 부분 또는 포르피린 부분이 빌리루빈으로 대사된다. 빌리루빈은 혈장 단백질인 알부민에 결합되어 간으로 운반된다. 간으로 흡수되기 전까지 빌리루빈은 물에 불용성이며, 용해 상태를 유지하기 위해 물에 용해되는 알부민에 결합해야 한다. 간세포에 흡수된 후, 빌리루빈은 주로 글루쿠론산과 같은 특정 당과 결합하여 물에 용해된다. 몸에서 배출되기 위해, 빌리루빈은 담즙에 의해 장으로 운반되어 우로빌리노겐으로 전환된다. 일부 우로빌리노겐은 문맥 순환으로 다시 재흡수되어 간으로 운반된다. 이 재흡수된 우로빌리노겐의 일부는 말초 혈액으로 흘러가서 신장으로 배출된다. 장에 남아있는 우로빌리노겐은 우로빌린으로 전환되어 대변으로 배출된다.

혈장에서 비결합형과 결합형 빌리루빈이 발견된다. 검사법은 총 빌리루빈(결합형 빌리루빈과 비결합형 빌리루빈)과 결합형 빌리루빈을 직접 측정할 수 있다. 결합형 빌리루빈은 검체에서 결합형 빌리루빈의 양을 직접 측정하기 때문에 종종 직접 빌리루빈(Direct bilirubin)으로 불린다. 비결합형 빌리루빈은 총 빌리루빈 농도에서 결합형 빌리루빈 농도를 빼서 간접적으로 계산되기 때문에 종종 간접 빌리루빈(Indirect bilirubin)으로 불린다.

빌리루빈은 황달의 원인을 파악하고 간 기능을 평가하며 담관의 개통성을 확인하기 위해 분석된다. 결합형(직접) 빌리루빈의 혈중 농도는 간세포 손상 또는 담관 손상/폐쇄 시 상승한다. 비결합형(간접) 빌리루빈의 혈중 농도는 과도한 적혈구 파괴 또는 빌리루빈이 결합을 위해 간세포에 들어가는 것을 허용하는 운반 메커니즘의 결함이 생기면 상승한다.

4 신장기능검사

신장은 동물의 항상성을 유지하는 데 중요한 역할을 한다. 신장의 주요 기능은 음성 균형 상태에서 물과 전해질을 보존하고, 양성 균형 상태에서 물과 전해질 배설을 증가시키는 것이다. 또한, 혈액의 pH를 정상 범위 내에서 유지하기 위해 수소 이온을 배출하거나 보존하며, 포도당과 단백질과 같은 영양소를 보존한다. 질소 대사의 최종 산물인 요소, 크레아티닌을 제거하여 혈액 내 이와 같은 물질의 수치를 낮게 유지하고, 혈압 조절에 관여하는 효소인 레닌, 적혈구 생성에 필요한 호르몬인 에리트로포이에틴(Erythropoietin), 자궁 및 기타 평활근의 수축을 자극하고 혈압을 낮추며 위산 분비를 조절하고 체온과 혈소판 응집을 조절하며 염증을 조절하는 지방산인 프로스타글란딘을 생성한다. 또한 비타민 D 활성화에 도움을 준다.

신장 기능을 평가하기 위해 소변과 혈액검사를 통해서 분석할 수 있다.

■ 혈액 요소 질소(Blood Urea Nitrogen, BUN)

요소는 간에서 일어나는 아미노산 분해의 산물인 질소 화합물이다. BUN 수치는 신장이 혈액에서 질소 폐기물(요소)을 제거하는 능력에 따라 신장 기능을 평가하는 데 사용된다. 이 신장 기능 검사는 그다지 민감하지는 않다. 약 75%의 신장 조직이 제 기능을 잃어버려야 높은 수치가 감지된다. 건강한 동물에서는 요소가 신장 사구체에 의해 혈장으로부터 수동적으로 여과된다. 일부 요소는 신세뇨관을 통해 혈액으로 돌아가지만, 대부분은 소변으로 배출된다. 신장이 제대로 기능하지 않으면 충분한 요소가 혈장에서 제거되지 않아 BUN 수치가 증가한다.

용혈 검체는 결과에 거의 영향을 미치지 않는다. 고단백 식이를 하면 사구체 여과가 감소하지 않고 아미노산 분해가 증가하여 BUN 수치를 높일 수 있다.

요소 생성 세균(예. *Staphylococcus aureus, Proteus spp., Klebsiella spp.*)으로 혈액 검체가 오염되면 요소가 분해되어 BUN 수치가 감소할 수 있다. 이를 방지하기 위해 채취 후 몇 시간 내에 분석을 완료하거나 검체를 냉장 보관해야 한다.

BUN 측정을 위한 검체는 20°C에서 8시간, 냉장 상태에서 10일, 냉동 상태에서 몇 달 동안 보관할 수 있다.

■ 크레아티닌(Creatinine)

크레아티닌은 골격근에 존재하는 크레아틴(Creatine)으로부터 형성된다. 크레아티닌은 근육 세포에서 확산되어 혈액을 포함한 대부분의 체액으로 이동한다. 신체 활동이 일정하게 유지되면, 크레아틴이 크레아티닌으로 대사되는 양도 일정하게 유지되며, 혈중 크레아티닌 수치도 일정하게 유지된다. 혈액 내의 크레아티닌은 사구체를 통해 여과되어 소변으로 배출된다. 크레아티닌은 땀, 대변 및 구토물에서도 발견될 수 있으며 세균에 의해 분해될 수 있다.

혈중 크레아티닌 수치는 신장의 기능을 평가하는 데 사용되는데 이는 사구체가 혈액에서 크레아티닌을 여과하고 소변으로 배출하는 능력에 기초하게 된다. BUN(혈중 요소 질소)과 마찬가지로 크레아티닌은 신장 기능에 대한 정확한 지표가 아니다. 이는 혈중 크레아티닌 수치가 상승하려면 신장 조직의 약 75%가 기능을 하지 못해야 하기 때문이다. 고단백 식단은 혈중 크레아티닌 수치에 영향을 미치지 않는다.

용혈은 결과에 거의 영향을 미치지 않는다. 검체는 30~37°C에서 1주일 동안 보관할 수 있으며, 냉동 상태에서는 장기적으로 보관할 수 있다.

5 췌장검사

췌장은 외분비와 내분비 기능을 함께 가지고 있고, 하나의 기질로 함께 연결되어 있다. 췌장의 내분비 부분은 혈액으로 인슐린을 분비하여 혈당 수치를 낮추고, 글루카곤을 분비하여 혈당 수치를 높이는 과정을 통해 탄수화물 대사에 관여한다.

췌장의 외분비 부분은 소장으로 소화를 위해 필요한 효소가 풍부한 췌장액을 분비한다. 주요 췌장 효소는 트립신, 아밀라아제 및 리파아제이다.

■ 트립신(Trypsin)

트립신은 단백질 분해 효소로서 섭취된 음식의 단백질을 분해하는 반응을 촉매하여 소화를 돕는다. 트립신은 혈액보다 대변에서 더 쉽게 검출되므로 대부분의 트립신 분석은 대변검사로 이루어진다. 대변에서는 트립신이 정상적으로 발견되며, 비정상적인 상태에서는 트립신이 검출되지 않는다.

두 가지 대변검사 방법이 사용되는데, 시험관법과 엑스레이 필름검사법이다. 시험관법은 신선한 대변을 젤라틴 용액과 혼합하는 방법이다. 트립신이 검체에 존재하면 단백질인 젤라틴을 분해하여 시험 용액이 젤 상태가 되지 않는다. 트립신이 없으면 용액은 젤 상태가 된다.

엑스레이 필름검사법은 현상되지 않은 엑스레이 필름의 젤라틴 코팅을 이용해 트립신의 존재를 검사한다. 엑스레이 필름 조각을 대변과 중탄산염 용액 혼합물에 넣고 물로 헹구면, 대변 검체에 트립신이 있을 때 젤라틴 코팅이 제거된다. 트립신이 없으면 물로 헹군 후에도 젤라틴 코팅이 필름에 남아 있다. 대변 트립신 단백질 분해 활성 평가에 있어서 시험관법이 엑스레이 필름검사법보다 더 정확하다.

신선한 대변을 사용해야 한다. 환자가 최근에 날달걀 흰자, 콩, 리마콩, 중금속, 구연산염, 플루오라이드 또는 일부 유기 인 화합물을 섭취하였으면 대변 트립신 활성이 감소할 수 있다. 대변 내 칼슘, 마그네슘, 코발트 및 망간은 트립신 활성을 증가시킬 수 있다. 대변 검체 내 단백질 분해 세균이 존재한다면 특히 오래된 검체에서 위양성 또는 정상처럼 보이는 결과를 초래할 수 있다.

1일 이상 된 대변 검체를 사용해서는 안 되며 가능한 신선한 검체를 사용한다.

■ 아밀라아제(Amylase)

아밀라아제의 주요 출처는 췌장이다. 아밀라아제의 기능은 전분과 글리코겐을 말토스와 잔류 포도당과 같은 당으로 분해하는 것이다. 급성 췌장염, 만성 췌장염의 악화, 또는 췌관 폐색 시 혈액 내 아밀라아제 수치가 증가한다. 아밀라아제검사 방법은 두 가지가 있는데 당생성법(Saccharogenic method)과 아밀로분해법(Amyloclastic method)이다. 당생성법은 아밀라아제가 전분을 분해할 때 생성되는 환원당의 생산을 측정한다. 아밀로분해법은 아밀라아제 활동으로 인해 전분이 환원당으로 분해될 때 전분의 소멸을 측정한다. 혈액 아밀라아제 수치의 상승은 항상 췌장염의 심각도와 직접적으로 비례하지 않는다. 보통 췌장을 평가하기 위해서는 혈액 아밀라아제와 리파아제 수치를 동시에 측정한다.

아밀라아제는 칼슘이 있어야 활성화되므로 EDTA와 같은 칼슘 결합 항응고제를 사용해서는 안 된다. 용혈은 아밀라아제 수치를 거짓으로 높일 수 있다. 고지혈증은 아밀라아제 활성을 감소시킬 수 있다. 정상적인 개와 고양이의 혈액 아밀라아제 수치는 사람보다 10배까지 높을 수 있다. 따라서 인의용 검사를 사용할 때 검체를 희석해야 할 수도 있다.

검체는 20°C에서 최대 7일, 냉장 상태에서는 최대 1개월 동안 보관할 수 있다.

■ 리파아제(Lipase)

리파아제의 주요 출처는 췌장이다. 리파아제의 기능은 지질의 긴 사슬 지방산을 분해하는 것이다. 췌장염 상태이면 혈액 내 리파아제 수치가 증가한다. 리파아제 수치 측정 방법은 보통 환자로부터 채취한 혈청에 있는 리파아제가 올리브유 유제를 지방산으로 가수분해하는 것을 기반으로 한다. 지방산을 중화하는 데 필요한 수산화나트륨의 양은 검체 내 리파아제 활성에 비례한다. 대부분의 이 검사 절차는 시간이 많이 소요된다. 리파아제검사는 아밀라아제검사보다 췌장염을 감지하는 데 더 민감할 수 있다. 아밀라아제 활성과 마찬가지로 리파아제 활성의 정도는 췌장염의 심각도와 직접적으로 비례하지 않는다. 보통 췌장을 평가하기 위해 혈액 리파아제와 아밀라아제 활성을 동시에 측정한다.

칼슘 결합 항응고제인 EDTA를 사용해서는 안 된다. 용혈과 고지혈증을 피해야 한다.

리파아제검사 검체는 20°C에서 1주일, 냉장 상태에서는 3주 동안 보관할 수 있다.

■ 포도당(Glucose)

혈당 수치는 체내 탄수화물 대사의 지표로 사용되며 췌장의 내분비 기능을 측정하는 데에도 사용될 수 있다. 혈당 수치는 식이 섭취 및 다른 탄수화물로부터의 전환과 같은 포도당 생산과 소모 간의 균형을 반영한다. 또한 혈액 내 인슐린과 글루카곤 수치 간의 균형을 반영할 수 있다.

포도당의 이용은 췌장에서 생산되는 인슐린과 글루카곤의 양에 따라 달라진다. 인슐린 수치가 증가하면 포도당 이용률도 증가하여 혈당 수치가 감소한다. 글루카곤은 혈당 수치가 너무 낮아지지 않도록 안정제 역할을 한다. 인슐린 수치가 감소하면 포도당 이용률도 감소하여 혈당 농도가 증가한다.

혈청과 혈장은 혈액 채취 후 즉시 적혈구에서 분리해야 한다. 혈장 검체가 실온에서 적혈구와 접촉한 채로 방치되면 포도당 수치는 시간당 10% 정도로 하락할 수 있다. 성숙한 적혈구는 에너지원으로 포도당을 사용하기 때문이다.

냉장은 적혈구에 의한 포도당 이용을 늦춘다. 용혈은 결과에 영향을 미치지 않는다. 식사는 혈당 수치를 높이므로 가능한 한 금식한 상태로 검체를 채취해야 한다.

혈당 측정을 위한 검체는 20°C에서 8시간, 냉장 상태에서는 72시간 동안 보관할 수 있다.

6 기타 기능검사

■ 크레아틴 키나아제(Creatin Kinase, CK)

크레아틴 키나아제(CK)는 이전에는 크레아틴 포스포키나아제(Creatin Phosphokinase, CPK)로 알려졌다. 주로 횡문근 세포에서 생성되며 어느 정도는 뇌에서도 생성된다. CK는 임상 평가에 있어 가장 기관 특이적인 효소 중 하나로 간주된다. 골격근이 손상되거나 파괴되면 CK가 세포에서 유출되어 혈중 CK 수치를 높인다. CK는 동물이 높은 혈중 AST 수치를 보이지만 간 질환의 임상 증상을 보이지 않을 때 자주 측정된다.

비록 CK검사가 기관 특이적인 검사이지만, 어떤 근육이 손상되었는지와 근육 손상의 심각도를 결정할 수는 없다. 근육 세포막을 손상하는 모든 상황이 혈중 CK 수치를 증가시킬 수 있다. 이 손상은 근육 내 주사, 오랜 시간 누워 있는 경우, 수술, 격렬한 운동, 전기 충격, 열상, 타박상, 저체온증 등으로 인해 발생할 수 있다. 근육

염과 기타 근병증도 혈중 CK 수치를 상승시킨다.

용혈은 결과에 영향을 미치지 않는다. CK는 불안정하므로 채취 후 가능한 한 빨리 검사해야 한다.

■ 콜레스테롤(Cholesterol)

콜레스테롤은 거의 모든 세포에서 생성되며, 특히 간세포, 부신 피질, 난소, 고환, 장 상피에 풍부하다. 대부분 동물에서 콜레스테롤의 주요 합성 장소는 간이다.

콜레스테롤검사는 때때로 갑상샘 기능 저하증을 선별하는 데 사용된다. 갑상샘 호르몬은 체내 콜레스테롤 합성과 파괴를 조절한다. 갑상샘 호르몬이 부족하면(갑상선 기능 저하증) 콜레스테롤 파괴 속도가 합성 속도보다 상대적으로 느려져 고콜레스테롤혈증이 발생한다. 고콜레스테롤혈증과 관련된 다른 질병으로는 고아드레날린증, 당뇨병 및 신증후군이 있다.

코르티코스테로이드 투여도 혈중 콜레스테롤 농도를 상승시킬 수 있다.

용혈은 콜레스테롤 수치를 높일 수 있다.

콜레스테롤 측정을 위한 혈액 검체는 혈청 또는 혈장을 세포에서 분리하지 않고 20°C에서 48시간 동안 보관할 수 있다. 혈청 또는 혈장을 세포에서 분리하면 검체는 20°C에서 몇 주 동안 안정적이다.

7 혈장 단백질검사

혈장 단백질은 주로 간과 면역계(망상 내피 조직, 림프 조직, 혈장 세포 포함)에서 생성된다. 단백질은 체내에서 여러 가지 기능을 한다. 모든 세포, 기관, 조직의 구조적 매트릭스를 형성하는 데 도움을 주고 삼투압을 유지하며, 생화학적 반응의 효소로 작용한다. 또한 산-염기 균형에서 완충제로 작용하고 호르몬으로 기능을 하며 혈액 응고에 관여한다. 병원성 미생물로부터 신체를 방어하고 혈장 내 대부분의 성분을 운반/수송하는 분자로 작용한다.

200개 이상의 혈장 단백질이 존재하며, 일부는 특정 질병 동안 수치가 현저히 변화하여 진단 보조 도구로 사용될 수 있다. 가장 일반적으로 검사되는 혈장 단백질은 알부민, 피브리노겐, 글로불린이다.

■ 총단백질(Total Protein)

총 혈장 단백질 측정에는 피브리노겐 값이 포함되지만, 총 혈청 단백질 측정에는 피브리노겐이 제거된다. 총단백질 농도는 간의 합성, 단백질 분포, 단백질 분해 또는 배설, 탈수 또는 과수화에 의해 영향을 받을 수 있다.

총단백질 농도는 특히 동물의 수분 상태를 판단하는 데 유용하다. 탈수된 동물은 대개 총단백질 농도가 상대적으로 높으며, 과수화된 동물은 상대적으로 낮다. 총단백질 농도는 부종, 복수, 설사, 체중감소, 간 및 신장 질환, 혈액 응고 문제 환자의 초기 선별검사로도 유용하다.

총단백질 수치 측정에는 굴절계 방법과 바이유렛 방법이 사용된다. 굴절계 방법은 굴절계를 사용하여 혈청이나 혈장의 굴절률을 측정한다. 이 방법은 빠르고 저렴하며 정확한 선별검사이다. 바이유렛 방법은 혈청이나 혈장의 단백질 펩타이드 결합을 측정하며, 분석 장비로 일반적으로 실시된다. 이 방법은 간단하고 정확한 결과를 제공한다.

적당한 검체의 용혈은 결과에 영향을 미치지 않지만, 심한 용혈은 총단백질 수치를 인위적으로 증가시킬 수 있다. 특히 굴절계 방법에서는 지질혈증 검체를 사용해서는 안 된다. 적당한 황달은 굴절계 방법에 영향을 미치지 않는다.

■ 알부민(Albumin)

알부민은 혈장 또는 혈청에서 주요한 단백질 중 하나이다. 혈장 내에서 많은 기능을 수행하고 있으므로 중요한 성분으로 분류되고 있다. 대부분 동물에서 총 혈장 단백질의 35%에서 50%를 차지하며, 저단백혈증의 주요 원인은 알부민의 손실이다. 간에서 알부민을 합성하며, 간의 광범위한 질환은 알부민 합성 감소로 이어질 수 있다. 신장 질환, 식이 섭취, 장 단백질 흡수도 혈장 알부민 수준에 영향을 미칠 수 있다. 알부민은 혈액 내 주요 결합에 사용되며 운반 단백질로 또한 사용된다. 그리고 혈장 삼투압을 유지하는 역할을 한다.

알부민 측정을 위한 검체는 20°C에서 1주일, 냉장 상태에서는 1개월을 보관할 수 있다.

■ 글로불린(Globulin)

글로불린은 혈장 내에서 찾아볼 수 있는 여러 가지 단백질의 집합을 나타낸다. 알파 글로불린은 간에서 합성되며 효소 억제 작용 등을 하며 체내 철분의 운반을 돕는다. 이 분획의 중요한 단백질 두 가지는 고밀도지단백(HDL)과 초저밀도지단백(VLDL)이다. 베타 글로불린에는 보체(C3, C4), 트랜스페린, 페리틴이 있다. 이들은 철 운반, 헴 결합, 피브린 형성과 용해에 관여한다. 감마 글로불린(면역글로불린)은 혈장 세포에서 합성되며 항체를 생성하여 면역에 관여한다. 동물에서 확인된 면역글로불린은 IgG, IgD, IgE, IgA, IgM이다.

혈청 단백질 전기영동을 통해 혈청 단백질검사를 수행할 수 있다. 전기영동의 원리는 전기장이 가해진 상태에서 다양한 혈청 단백질 분획의 이동 패턴에 기반을 둔다. 특정 매체를 사용하여 이동을 추적한다. 이동 패턴은 전하, 단백질 분자의 크기, 전기장 강도 및 사용된 매체에 따라 달라진다. 전기영동 기술은 일반적으로 병원 내 실험실에서 사용되지 않는다.

직접 글로불린 측정 방법은 일반적으로 실험실의 능력을 넘어서기 때문에 간접적인 측정 방법이 종종 사용된다. 총 혈청 단백질 농도에서 알부민 농도를 뺀 값이 총 혈청 글로불린 농도의 대략적인 값을 나타낸다.

■ 알부민 대 글로불린 비율(Albumin-to-Globulin Ratio)

알부민 대 글로불린(A:G) 비율의 변화는 단백질 이상을 나타내는 첫 번째 지표인 경우가 많다. 이 비율은 단백질 프로파일과 함께 분석된다. A:G 비율은 알부민과 글로불린 농도의 증가 또는 감소를 감지하는 데 사용될 수 있다. 많은 질병의 상태에서 A:G 비율을 바꾸게 된다.

A:G 비율은 알부민 농도를 글로불린 농도로 나누어 계산한다. 개, 말, 양, 염소에서는 알부민 농도가 글로불린 농도보다 크며(A:G 비율이 1.00 이상), 소, 돼지, 고양이에게서는 알부민 농도가 글로불린 농도와 같거나 작다(A:G 비율이 1.00 미만).

A:G 비율이 정상보다 낮으면 일반적으로 면역 반응이 강하거나 염증이 있는 상태를 나타내고, A:G 비율이 정상보다 높으면 간 기능의 감소나 지방간 또는 영양 상태의 문제가 있을 수 있다.

■ 피브리노겐(Fibrinogen)

피브리노겐은 간세포에서 합성된다. 피브리노겐은 불용성 단백질인 피브린의 전구체로, 피브린은 혈액 응고의 기질을 형성하며, 혈액 응고에 필요한 요인 중 하나이다. 피브리노겐 수치가 감소하면 혈액의 안정적인 응고에 문제가 발생한다. 피브리노겐은 전체 혈장 단백질 함량의 3%에서 6%를 차지한다. 응고 과정에서 혈장에서 제거되므로 혈청에는 피브리노겐이 없다. 급성 염증이나 조직 손상이 혈장 피브리노겐 수치를 상승시킬 수 있다.

피브리노겐 평가의 가장 일반적인 방법은 열 침전검사이다. 피브리노겐 값은 가열된 시험관의 총 혈장 단백질값에서 가열되지 않은 시험관의 총 혈장 단백질값을 빼서 계산한다.

혈청은 피브리노겐을 포함하지 않기 때문에 혈장을 유일하게 검체로 사용할 수 있다. EDTA 항응고제를 처리한 혈장이 선호된다. 헤파린으로 처리된 혈장은 원래보다 낮은 결과를 초래할 수 있다.

피브리노겐 측정을 위한 검체는 20°C에서 며칠간, 냉장상태에서는 몇 주간 보관할 수 있다.

8 전해질검사

전해질은 모든 생물의 체액에서 발견되는 원소의 음이온과 양이온을 의미한다. 전해질의 기능에는 수분 균형 유지, 체액 삼투압 유지, 정상적인 근육 및 신경 기능 유지가 포함된다. 또한 여러 효소 시스템의 유지 및 활성화와 산－염기 조절에 중요한 역할을 한다.

나트륨과 칼륨 같은 전해질의 평가는 예전에는 특수한 분석 기기가 필요하므로 실험실에서 흔히 수행되지 않았으나 최근 건식 시약 화학 분석기의 등장으로 인해 전해질검사를 실험실에서 일상적으로 수행할 수 있게 되었다. 가장 흔히 분석되는 전해질은 칼슘, 무기 인, 칼륨, 나트륨, 염화물, 마그네슘이다.

■ 칼슘(Calcium)

신체의 칼슘 중 99% 이상이 뼈에 존재하며, 나머지 1% 이하가 신경근 흥분성과 근긴장도 유지, 여러 효소의 활동 유지, 혈액 응고 촉진, 세포막을 통한 무기 이온

이동 유지 등 중요한 기능을 수행한다. 혈액 내 칼슘은 대부분 혈장이나 혈청에 있으며, 적혈구에는 거의 없다. 칼슘 농도는 무기인 농도와 반비례하는 경향이 있다. 칼슘 농도가 상승하면 무기인 농도는 감소하는 경향이 있다. 고칼슘혈증은 혈중 칼슘 농도가 높아진 상태를, 저칼슘혈증은 혈중 칼슘 농도가 낮아진 상태를 의미한다.

EDTA나 옥살산염 항응고제는 칼슘과 결합하여 분석할 수 없게 만들므로 사용하지 말아야 한다. 용혈은 검체에서 적혈구가 파열되어 나오는 체액이 혈장을 희석해 칼슘 농도를 약간 감소시킬 수 있다.

■ 무기 인(Inorganic Phosphorus)

신체의 인 중 80% 이상이 뼈에 있으며, 나머지 20% 이하가 에너지 저장, 방출 및 전달, 탄수화물 대사, 핵산 및 인지질과 같은 생리적으로 중요한 물질의 구성에 중요한 역할을 한다. 혈액 내 대부분의 인은 적혈구 내 유기 인으로 존재하며, 혈장 및 혈청 내 인은 무기 인으로 실험실에서 분석하는 인이다. 혈장 및 혈청 내 무기 인 수치는 동물의 총 인 수치를 잘 나타낸다. 혈장 또는 혈청 내 인과 칼슘 농도는 반비례 관계가 있다. 인 농도가 감소하면 칼슘 농도는 증가하는 경향이 있다. 고인산혈증은 혈청 또는 혈장 내 인 농도가 증가한 상태를, 저인산혈증은 혈청 또는 혈장 내 인 농도가 감소한 상태를 의미한다.

용혈된 검체는 사용하지 말아야 한다. 파열된 적혈구에서 방출된 유기 인이 무기 인으로 가수분해되어 무기인 농도가 잘못 상승할 수 있다. 혈청 또는 혈장은 혈액 채취 후 가능한 한 빨리 혈구와 분리되어야 하며, 검체를 보관하기 전에 분리되어야 한다.

■ 나트륨(Sodium)

나트륨은 혈장 및 간질 또는 세포 외액의 주요 양이온으로, 수분 분포 및 체액 삼투압 유지에 중요한 역할을 한다. 신장에서 나트륨은 사구체를 통해 여과되고 필요한 경우 수소 이온과 교환되어 세뇨관에서 다시 흡수된다. 이러한 방식으로 나트륨은 소변의 pH 조절 및 산-염기 균형 유지에 중요한 역할을 한다. 나트륨 농도는 건식 시약검사를 통해 측정할 수 있다. 고나트륨혈증은 혈중 나트륨 농도가 상승한 상태를, 저나트륨혈증은 혈중 나트륨 농도가 감소한 상태를 의미한다.

나트륨 헤파린염을 항응고제로 사용하면 결과가 잘못 상승할 수 있으므로 사용하지 말아야 한다. 용혈은 결과에 크게 영향을 미치지 않지만, 적혈구 체액으로 검체가 희석되어 잘못된 낮은 결과를 초래할 수 있다.

■ 칼륨(Potassium)

칼륨은 세포 내 주요 양이온으로 정상적인 근육 기능, 호흡, 심장 기능, 신경 자극 전달, 탄수화물 대사에 중요하다. 산증이 있는 동물에서는 칼륨 이온이 세포 내액을 떠나 수소 이온으로 대체되면서 혈장 칼륨 수치가 상승하여 고칼륨혈증을 초래할 수 있다. 세포 손상이나 괴사가 있을 때도 칼륨 이온이 혈액으로 방출되어 혈장 칼륨 수치가 상승할 수 있다. 혈장 칼륨 수치가 감소하면 저칼륨혈증이 발생할 수 있으며, 이는 칼륨 섭취 부족, 알칼리증, 구토나 설사로 인한 체액 손실과 관련이 있을 수 있다.

혈소판이 응고 과정에서 칼륨을 방출하여 인위적으로 칼륨 수치를 상승시킬 수 있으므로 혈장이 선호된다. 용혈을 피해야 한다. 적혈구 내 칼륨 농도가 혈장보다 높으므로 용혈 시 칼륨이 혈장으로 방출되어 인위적으로 칼륨 수치가 상승할 수 있다. 혈장을 세포와 분리하기 전에는 검체를 냉장 보관하지 말아야 한다. 낮은 온도는 용혈의 증거 없이 세포에서 칼륨 손실을 촉진할 수 있다. 세포를 분리하기 전에는 검체를 냉동하지 말아야 한다. 용혈이 발생하여 검체가 검사에 부적합하게 되기 때문이다.

■ 마그네슘(Magnesium)

마그네슘은 신체에서 네 번째로 많은 양이온이며 두 번째로 많은 세포 내 양이온이다. 마그네슘은 신체의 모든 조직에서 발견되며, 신체 마그네슘의 50% 이상이 뼈에 있다. 마그네슘은 칼슘 및 인과 밀접한 관련이 있다. 마그네슘은 효소 시스템을 활성화하고 아세틸콜린의 생성과 분해에 관여한다. 마그네슘:칼슘 비율의 불균형은 아세틸콜린의 방출로 인한 근육 강직을 초래할 수 있다. 가축 중 소와 양만이 마그네슘 결핍과 관련된 임상 증상을 나타낸다. 고마그네슘혈증은 혈중 마그네슘 수치가 상승한 상태를, 저마그네슘혈증은 혈중 마그네슘 수치가 감소한 상태를 의미한다.

헤파린 이외의 항응고제는 결과를 인위적으로 감소시킬 수 있다. 용혈은 적혈구에서 마그네슘이 방출되어 결과를 상승시킬 수 있다.

■ 염화물(Chloride)

염화물은 주요 세포 외 음이온이다. 수분 분포, 삼투압 유지 및 정상적인 음이온:양이온 비율 유지에 중요한 역할을 한다. 염화물은 나트륨 및 중탄산염 수치와 밀접한 관련이 있으므로 전해질 프로필에 포함된다. 고염화혈증은 혈중 염화물 수치가 상승한 상태를, 저염화혈증은 혈중 염화물 수치가 감소한 상태를 의미한다.

혈청이 선호된다. EDTA 혈장보다 헤파린 처리된 혈장이 선호된다.

용혈은 적혈구 체액으로 검체를 희석해 결과에 영향을 미칠 수 있다. 혈구를 분리하지 않고 장기간 보관하면 결과가 약간 낮아질 수 있다.

■ 중탄산염(Bicarbonate)

중탄산염은 혈장 내 두 번째로 흔한 음이온이다. 중탄산염/탄산 시스템의 중요한 부분으로서, 이 시스템은 조직에서 폐로 이산화탄소를 운반하는 데 도움을 준다. 이러한 기능은 산과 염기가 지속적으로 체내에 유입될 때 신체의 pH를 균형 있게 유지하는 데 도움을 준다. 신장은 필요한 모든 중탄산염을 재흡수한 후 과잉을 배출함으로써 체내 중탄산염 수치를 조절한다. 중탄산염 수치는 혈액 이산화탄소 수치에서 추정하는 경우가 많다. 중탄산염 수치는 측정된 총 이산화탄소의 약 95%이다.

혈장이 사용될 경우, 리튬 헤파린이 항응고제로 선호된다.

해당작용으로 인해 산–염기 조성이 변하지 않도록 검체를 얼음물에 냉각시켜야 한다. 검체를 얼리면 용혈이 발생한다. 대부분의 시험 방법에서는 37°C에서 인큐베이션을 요구한다.

중탄산염 분석은 가능한 빨리 완료해야 한다.

9 자동 혈액화학검사

자동 혈액화학검사는 검체별로 다른 반응 용기에서 시약이 따로 첨가되며 혼합 후 반응이 완료되어 비색정량이 이루어지는 원리를 사용한다. 자동 혈액화학분석기는 검사 종류가 같은 검체들을 묶음으로 분석하는 기기 방식과 분석하려는 성분을 선택적으로 카트리지를 사용하여 분석할 수 있는 기기 방식이 있다.

다음은 자동 혈액화학분석기를 이용한 검사의 예시이며 장비에 따라 수행 과정이 조금씩 다를 수 있다.

 **수행** 자동 혈액화학검사

준비물

- 혈액 검체(일반적으로 헤파린 항응고 처리된 혈장이나 혈청을 사용)
- 검사 장비용 카트리지, 피펫

순서(그림2-9)

1) 전원 켜기

   장비의 전원을 켜서 워밍업 시킨다(①).

2) 검사하기

   - 검사 시작 버튼을 누른다.
   - 환자 정보를 입력한다(②).
   - 카트리지에 전처리한 혈액을 주입하고 장비에 삽입한 후 작동시킨다(③).

3) 검사 결과 보기

   검사 종료 후 화면이나 용지에 출력되는 검사 결과를 확인한다(④).

그림 2-9 자동 혈액화학검사

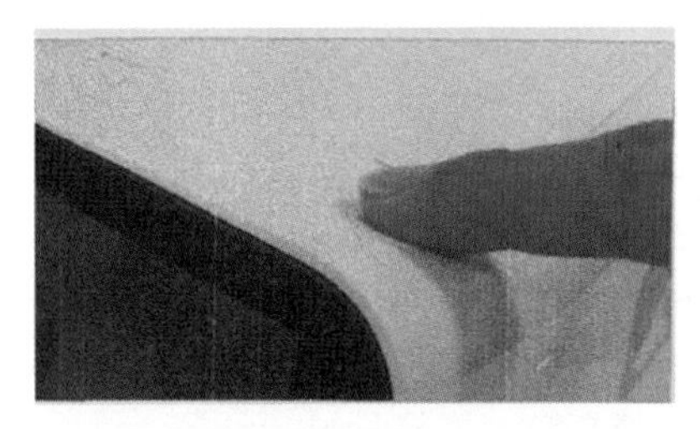

① 전원 켜기

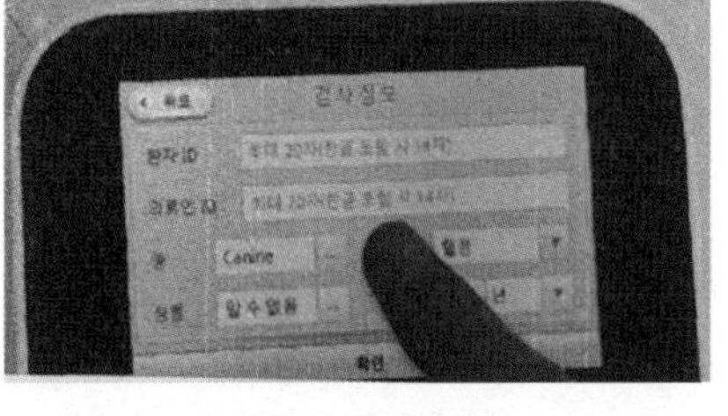

② 환자 정보 입력

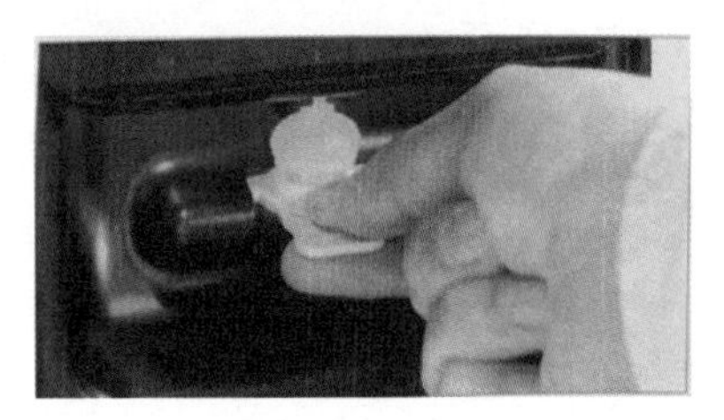

③ 카트리지 삽입

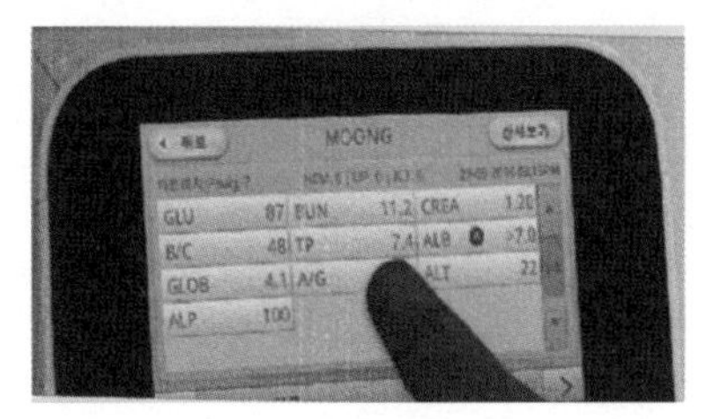

④ 검사 결과 보기

*출처: PT10V 생화학분석기 매뉴얼

10 응고계검사

■ 1차 지혈검사

협부점막출혈시간검사(Buccal Mucosal Bleeding Test, BMBT)

BMBT는 일반적으로 수술 전 스크리닝 목적으로 사용되거나 1차 지혈의 결함을 배제하기 위해 사용된다. 혈소판 기능검사이지만 혈소판 수 감소, 폰 빌레브란트 병(von Willebrand Disease, vWD), 혈관 질환에도 영향을 받는다.

건강한 개의 BMBT는 약 2.6 ± 0.5분이며 요독증의 중증 혈소판감소증, 폰 빌레브란트 병 및 혈소판 기능 장애를 진단하는 데 사용할 수 있다.

수행 협부점막출혈시간검사(BMBT test)

준비물

- 세모날(lancet); 환자의 크기에 따라 다양한 크기가 있음
- 타이머
- 여과지/거즈

순서(그림2-10)

1) 환자를 마취하거나 진정시키고 옆으로 누운 자세로 눕힌다.
2) 환자의 윗입술을 위로 올리고 거즈로 고정한다(①).
3) 입술 안쪽 점막에 세모날(lancet)을 사용하여 작게 절개를 한다(②).
4) 타이머로 시간을 측정한다.
5) 절개 바로 아래에 여과지를 놓고, 상처를 만지지 않고 혈액을 가볍게 닦아낸다.
6) 5초 간격으로 지속해서 혈액을 제거한다.
7) 혈액이 더 이상 흐르지 않고 여과지에 흡수되는 시간을 기록한다.
8) 윗입술을 올렸던 거즈를 제거하고 출혈이 멈출 때까지 압력을 가한다.
   필요시 조직 접착제를 사용한다.
   - 참고치: 1~5분

그림 2-10 협부점막출혈시간검사(BMBT test)

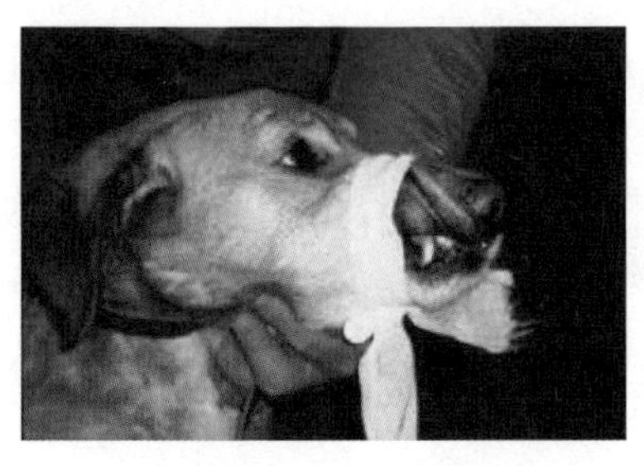

① 윗입술을 올려 거즈로 고정

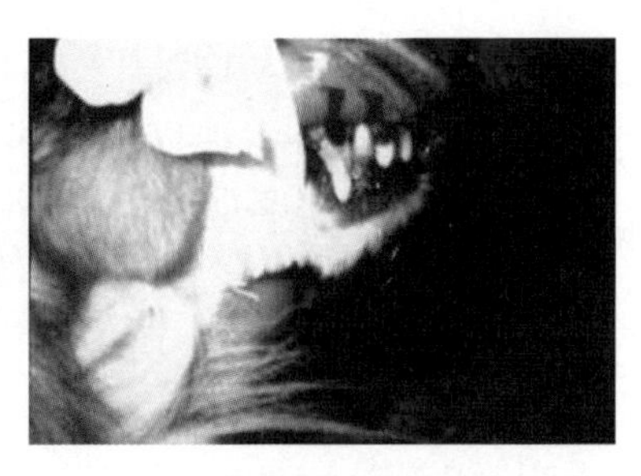

② 입술 안쪽 점막에 작은 절개창을 만듦

*출처: https://www.vet.cornell.edu

■ 2차 지혈검사

2차 지혈검사는 외인성, 내인성 및 공통 응고 경로에 포함된 응고 인자를 평가하기 위해 실시하는 검사이다.

활성혈액응고시간(Activated Coagulation Time, ACT) **수동검사법**

활성혈액응고시간(ACT) 검사는 내인성 경로와 공통 응고 경로의 인자를 평가하는 데 사용된다.

수동검사법뿐만 아니라 혈액응고 분석장비를 사용하여 자동화된 활성혈액응고시간검사를 시행할 수도 있다.

수행 활성혈액응고시간(ACT) 수동검사법

준비물

- 신선한 정맥혈
- 규조토가 함유된 혈액 수집 튜브
- 스톱워치
- 온도 유지를 위한 인큐베이터 또는 온수 수조
- 온도계

순서

1) 37°C로 미리 예열된 규조토가 들어있는 튜브에 정맥혈 2mL를 채취한다.
2) 시간 측정을 시작한다.
3) 튜브를 여러 번 뒤집는다.
4) 인큐베이터 또는 온수 수조를 사용하여 튜브를 37°C로 계속 유지한다.
5) 1분 후 5~10초마다 혈전 형성 여부를 계속 확인한다.
6) 혈전이 생기는 시간을 확인하여 기록한다.

참조 구간
개: 79±7.1초
말: 163 ± 18초
소: 145±18초

■ 프로트롬빈 시간(Prothrombin Time, PT) 및 활성화부분트롬보플라스틴시간(activated Partial Thromboplastin Time, aPTT) 검사

프로트롬빈 시간(PT) 검사는 외인성 경로와 공통 경로를 평가하는 반면, 활성화 부분트롬보플라스틴 시간검사는 내인성 경로와 공통 경로의 인자를 평가하는 데 사용된다. 두 검사 모두에서 혈액 검체는 구연산염 항응고제 채혈병에 채취하여야 한다.

■ 피브리노겐검사

피브리노겐 농도는 수동 및 자동 방법을 사용하여 측정할 수 있다. 수동 열 침전 방법은 정확도가 낮지만 특수 장비가 별도로 필요하지 않다.

수행 수동 피브리노겐검사(열 침전법)

준비물

- EDTA 혈액
- 헤마토크리트 모세관
- 모세관 밀폐제
- 원심분리기
- 인큐베이터 또는 온수 수조
- 굴절계

순서

1) 2개의 헤마토크리트 모세관을 준비한다. 모세관의 균형을 잡는다.
2) 첫 번째 모세관을 원심분리한 후 굴절계를 사용하여 모세관의 총고형물 값을 측정한다.
3) 두 번째 모세관을 58°C 상태에서 3분간 둔다.
4) 두 번째 모세관을 원심분리한 후 총고형물 값을 측정한다.
   두 모세관 측정값의 차이가 피브리노겐의 추정치이다.

VI 혈액형검사 총론

빈혈의 일반적인 치료법은 혈액의 수혈이다. 수혈을 위해서는 수혈 기증동물(Doner)과 수여동물(Recipient) 간의 혈액형 교차 매칭을 통해서 혈액이 면역학적으로 적합한지를 결정해야 한다.

적혈구의 표면에는 적혈구 항원이 존재하고 있으며 다른 동물의 혈장에 있는 항체와 반응을 일으킬 수 있다. 이러한 항원-항체 반응은 적혈구의 응집을 초래할 수 있고 어떤 경우에는 적혈구의 용혈을 유발할 수도 있다.

동물에게 수혈이 이루어지면 적혈구 항원에 대해 항체가 형성된다. 하지만 자연적으로 발생하는 항체는 부족하므로 일반적으로 혈액형검사나 교차매칭 없이 첫 번째 수혈은 가능하다.

첫 번째 수혈에서는 혈액 교차매칭의 필요성이 없을 수 있지만 그 이후의 수혈에는 교차매칭이 필요하다.

1 개의 혈액형

개에는 8가지의 다른 적혈구 항원이 존재하는데 DEA 1.1, 1.2, 3, 4, 5, 6, 7 및 8이다. 이 중 DEA 1.1과 1.2는 임상적으로 중요하여 'A' 항원이라고 불리는데, 이 DEA A-양성 혈액은 가장 강한 항원성을 가지기 때문에 심각한 수혈 부작용을 일으킬 수 있다. 이외 다른 혈액형은 수혈 부작용을 유발할 가능성이 작다.

자연적으로 발생하는 항-A 항체는 존재하지 않기 때문에 A-양성 혈액을 A-음성 수혈 수여 동물에게 처음 수혈하면 임상 반응은 나타나지 않는다. 하지만 수혈된 혈액세포의 수명은 7일 정도 단축된다. 이후 항체가 형성된 다음 혈액형이 일치하지 않는 혈액을 투여하면 심한 부작용을 유발할 수 있다.

원칙적으로 DEA 1.1, DEA 1.2 DEA A－음성 혈액형과 동일한 환자끼리 수혈하는 것이 원칙이다. 하지만 DEA A－음성 혈액은 혈액형이 일치하지 않더라도 수혈이 가능하다(그림2－11).

그림 2-11 혈액형에 따른 수혈

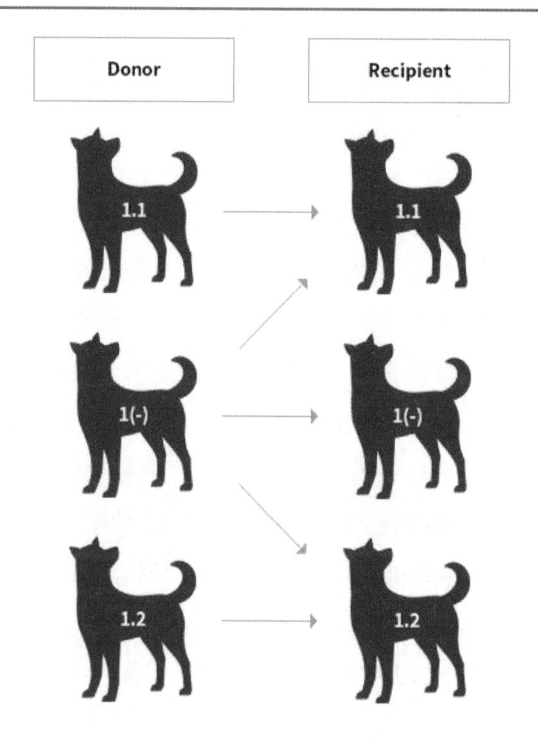

*출처: https://sistarpetworld.com

고양이의 혈액형은 A, B, AB의 3가지 종류로 분류된다. A형이 대다수이지만 터키시 앙고라 등 일부 품종은 순종교배로 인해 B형이 상대적으로 자주 나타나며 AB형은 드물다. B형 고양이가 A형 혈액을 수혈받을 때 용혈성 빈혈이나 급성 과민반응이 발생할 수 있다.

수혈할 때 혈액형검사와 교차응집반응을 거쳐 확인 후 수혈하는 것이 수혈 부작용을 줄이는 방법이다. 혈액형검사와 교차응집반응검사는 시판되는 검사 키트를 이용할 수 있다.

2 혈액형검사 수행

다음은 혈액형검사 키트를 이용한 혈액형검사 과정이다.

수행 혈액형 키트검사

준비물

- EDTA 혈액 검체
- 1cc 주사기
- 설압자

순서

1) EDTA 혈액 검체를 잘 섞는다.
2) 1cc 주사기를 이용하여 혈액을 판정 카드 동그라미 세 곳에 한 방울씩 떨어뜨린다.
3) 감별 용액을 떨어뜨린 후 혼합기를 이용하여 잘 섞어준다(그림2-12).
4) 혈액의 응집 여부를 기준으로 혈액형을 판정한다(그림2-13).

그림 2-12 혈액형 키트검사

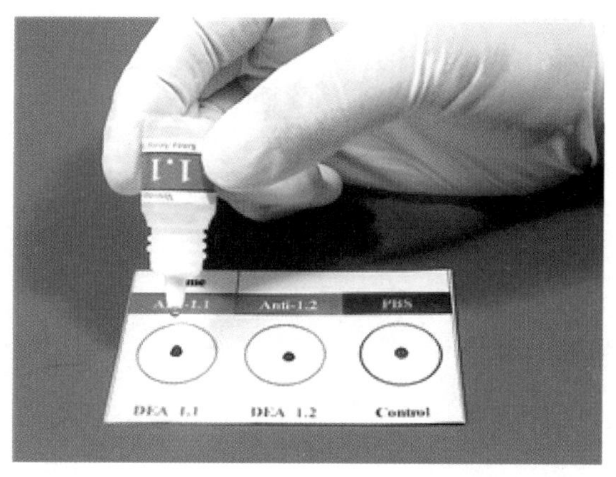

*출처: http://vet20.kr.ec21.com

그림 2-13 혈액형의 판정

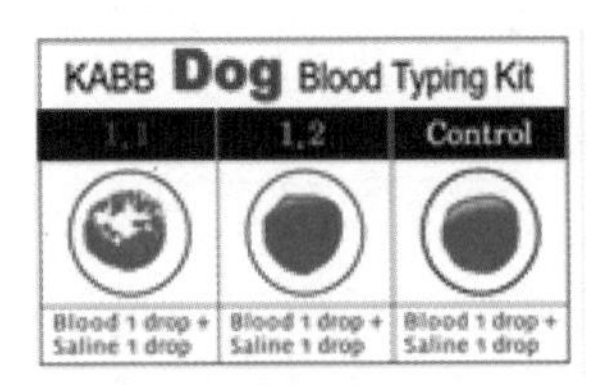

Blood type 1.1

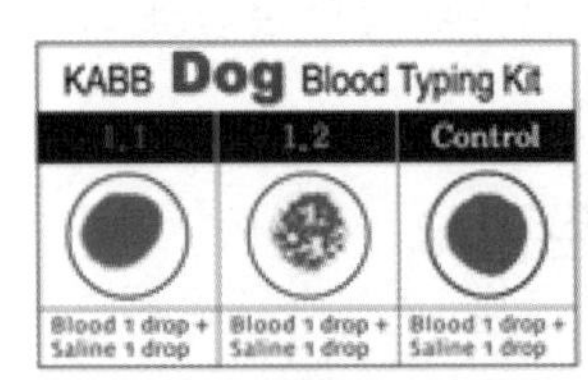

Blood type 1.2

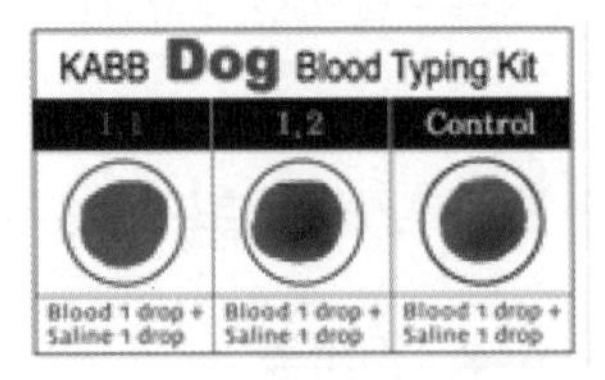

Blood type 1(-)

False

*출처: https://sistarpetworld.com

Chapter

03

내분비 질환과 호르몬검사

Chapter 03

내분비 질환과 호르몬검사

학습목표

- 갑상선 기능을 이해하고 설험실적 검사 과정을 지원할 수 있다.
- 부신 기능을 이해하고 실험실적 검사 과정을 지원할 수 있다.
- 췌장의 내분비 기능의 이해하고 실험실적 검사 과정을 지원할 수 있다.

I 갑상선 기능의 이해와 실험실적 검사

1 갑상선호르몬

■ 합성과 분비

갑상선에서 분비하는 호르몬 주요 생성물은 3, 5, 3', 5'-L-테트라요오드티로닌 또는 L-티록신(T4)이다. 다른 갑상선 호르몬인 3, 5, 3'-L-트리요오드티로닌(T3)은 훨씬 적은 양(T4의 약 20%)으로 분비된다. 순환하는 T3의 대부분은 T4의 외부 고리의 탈요오드화에 의해 말초 조직에서 생성된다.

갑상선 호르몬의 주요 구성 요소인 요오드화물은 Na+-K+-ATPase에서 에너지를 얻는 활성, 포화, 에너지 의존적 과정에 의해 세포외액에서 갑상선 소포세포로 활발하게 운반된다. 이 요오드화물 운반체는 '요오드화 나트륨 공수송체(Sodium/Iodide cotransporter)'라고 불리는 수송 단백질로, 갑상선 세포의 기저막에 위치한다.

위점막, 타액선, 맥락막 신경총도 '요오드화 나트륨 공수송체'를 통해 요오드화물을 농축할 수 있지만 갑상선과 달리 요오드화물을 유기적으로 결합하지 않는다. 그러나 요오드화물과 달리 이들 이온은 갑상선에 유기적으로 결합되어 있지 않으므로 갑상선 내 지속 시간이 짧다. 이러한 특성은 짧은 물리적 반감기와 함께 과테크니튬산(99mTcO4－)의 방사성 동위원소를 신틸레이션(Scintillation) 스캐닝을 통해 갑상선 영상을 촬영하는 데 유용한 방사성 핵종으로 만든다.

일단 갑상선 세포 내로 들어가면 무기 요오드화물은 과산화수소(H2O2)의 존재하에서 빠르게 산화되어 반응성 중간체로 전환되며, 이는 수용체 단백질(주로 티로글로불린(Thyroglobulin, Tg))의 티로신 잔기에 통합된다. 요오드화는 막에 결합된 헴 단백질 효소인 갑상선 과산화효소(TPO)에 의해 촉매된다.

갑상선세포의 생성은 대식세포와 백혈구의 O2 생성 시스템의 생성과 다르다. Tg의 티로신 잔기를 요오드화하면 모노요오드티로신(MIT)과 디요오드티로신(DIT)이 형성된다. MIT와 DIT는 산화적 결합을 거쳐 요오드티로닌을 형성하며, 이는 분비될 때까지 Tg에 결합된 상태로 유지된다. 이 결합 반응은 요오드화와 별도로 발생하지만 TPO에 의해 촉매되기도 한다. 프로필티오우라실, 메티마졸, 카르비마졸을 포함한 티오카르바마이드 약물은 TPO의 경쟁적 억제제이며, 갑상선 호르몬 합성을 차단하는 능력으로 인해 갑상선 기능 항진증 치료제로 유용하다. Tg는 세포의 정점(소포) 경계에서 요오드화되고 세포외유출에 의해 콜로이드로 이동된다. 갑상선 호르몬이 분비되려면 Tg가 음세포증식을 통해 갑상선 세포로 다시 들어가야 한다. 생물학적 활성 갑상선 호르몬인 T4와 T3는 세포에서 순환계로 확산되는 반면, MIT와 DIT는 세포내 탈요오드화효소의 작용에 의해 순환계로 방출되는 것이 대부분 방지된다. Tg 자체는 일반적으로 상당한 양이 순환계로 방출되지 않으며 건강한 개에서는 면역 측정법을 통해 말초 혈액에서 매우 적은 양만 측정할 수 있다.

그림 3-1 건강한 개의 갑상선 조직의 조직학적 모습(Haematoxylin and eosin stain) 소포의(Follicular) 구조를 확인한다.

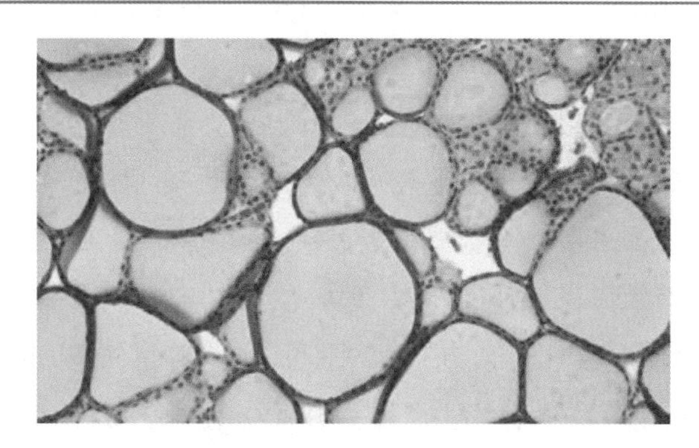

■ 호르몬 수송, 조직 전달 및 대사

혈장 T4와 T3는 대부분 단백질에 결합되어 있다. 0.05% 미만의 T4와 0.5% 미만의 T3가 '유리' 또는 결합되지 않은 호르몬으로 순환하지만 피드백 조절 시스템에 의해 일정하게 유지되는 것은 유리 호르몬 농도이며 이러한 호르몬의 세포 흡수 속도와 평행하다. 따라서 혈장 내 총 호르몬 농도와 관계없이 갑상선 상태를 결정하는 것은 유리 호르몬 농도이다. 개는 친화력이 높은 갑상선 호르몬 결합 글로불린(Thyroxine Binding Globulin, TBG)을 가지고 있으며, 이에 더해 알부민과 프리알부민은 낮은 친화력으로 갑상선 호르몬과 결합한다. 고양이는 친화도가 높은 TBG를 갖고 있지 않으며, 프리알부민만이 갑상선 호르몬 결합 단백질로 작용한다. 이러한 결합 단백질 외에도 갑상선 호르몬의 작은 부분은 지질단백질 및 트랜스티레틴과 결합할 수 있으며, 이는 부분적으로 레티놀(비타민 A) 결합 단백질과 복합체로 존재한다. 순환하는 결합 화합물의 농도 및/또는 용량은 다양한 질병 및 약리학적 제제에 의해 변경될 수 있으며, 이에 따라 혈장 총 티록신(total T4, TT4) 농도에 주로 영향을 미칠 수 있다. 글루코코르티코이드와 아세틸살리실산은 유리 T4 농도에 영향을 주지 않으면서 혈장 TT4 농도를 낮추는 것으로 알려져 있다. 품종 차이는 전체 개 개체 수에 대해 TT4에 설정된 기준 범위와의 편차를 설명할 수도 있다. 일반적으로 작은 품종의 개는 큰 품종의 개보다 혈장 TT4 농도가 다소 높은 경향이 있다.

T4와 T3 모두를 세포 내 작용 및 대사 부위로 수송하기 위한 여러 원형질막 운반체가 확인되었으며 다수의 다양한 수송체 단백질 계열에 속하는 일반화된 수송체뿐만 아니라 조직 특이적 수송체가 확인된다. 탈요오드화는 갑상선 호르몬의 가장 중요한 대사 변형이다. 분비된 T4의 약 80%가 탈요오드화되어 T3 및 rT3를 형성하며 주로 간과 신장에서 발생한다. T3는 T4의 대사 효능의 약 3~4배를 갖고 있으며, 이는 거의 모든 갑상선 호르몬 대사 작용이 T3의 작용에 기인할 수 있음을 의미한다. T4 및 T3는 각각 rT3 및 3, 3'–요오도티로닌(3, 3'–T2)으로의 내부 고리 탈요오드화에 의해 비활성화된다. 이러한 반응을 촉매하는 세 가지 탈요오드화 효소 효소(D1, D2, D3)는 조직의 국소화, 기질 특이성, 생리학적 및 병태생리학적 조절이 다르다. 따라서 갑상선 호르몬의 생물학적 활성은 조직 특이적 탈요오드화효소에 의해 국소적으로 추가적으로 조절된다. 공복 및 비갑상선 질환과 같이 T3 형성을 손상시키는 요인은 거의 변함없이 혈장 rT3 농도를 증가시킨다. 질병의 낮은 순환 T3 농도는 조직 수준에서 부적절한 갑상선 호르몬 효과와 관련이 있다. 실제로, T4에서 T3

로의 전환 장애는 아마도 단백질 이화작용을 아끼는 데 도움이 된다. 위에서 언급한 바와 같이, T4는 T3보다 혈장 내 결합 단백질에 더 강력하게 결합하므로 T4는 대사 제거율이 낮고 반감기가 길어진다. 전반적으로, 갑상선 호르몬 분포 및 전환의 동력학은 인간보다 개에서 훨씬 더 빠르다. 이는 부분적으로 개 혈장에서 T4와 T3의 결합이 더 낮기 때문이다. T4의 혈장 반감기는 사람의 경우 약 7일이며 이에 비해 개의 경우 약 0.6일로 짧은 반감기를 가진다.

■ 갑상선 기능 조절

갑상선 기능은 주로 뇌하수체 전엽에서 분비되는 28kD 당단백질인 갑상선 자극 호르몬(갑상선 자극 호르몬, TSH)에 의해 조절된다. TSH 분자는 $\alpha-$ 및 $\beta-$소단위로 구성된다. TSH는 갑상선 여포 세포의 특정 세포 표면(G-단백질 연결) 수용체와 상호작용하여 갑상선을 자극하여 아데닐사이클라제(Adenyl cyclase)의 활성을 강화한다. 따라서 이는 세포 내부의 2차 전달자로서 고리형 아데노신 일인산(cAMP)의 생성을 자극한다. TSH는 여포 세포의 정점 경계에서 음세포증을 빠르게 촉진하여 Tg의 재흡수와 그에 따른 호르몬 방출을 가속화한다. 장기간의 TSH 자극은 갑상선 비대 및 증식을 일으키고 갑상선 비대는 분비선이 만져질 수 있을 정도로(갑상선종 포함) 나타날 수 있다. 개 갑상선에서 TSH의 분열촉진 작용은 전적으로 cAMP에 의해 매개된다. TSH 분비의 조절은 주로 시상하부 TSH 방출 호르몬(TRH)과 갑상선 호르몬으로 이중 조절된다. TRH는 뇌하수체 갑상선친화세포의 특정 수용체와 상호작용하여 TSH를 방출하고 유산친화세포에서는 프로락틴을 방출한다. TSH 분비는 주로 5'-탈요오드화(D2)에 의해 국소적으로 생성되는 T3에 의해 억제되며, 또한 유리 T3의 전신에서 파생된 T3에 의해서도 억제된다. 특히 요오드 공급이 부족하거나 과다할 때 갑상선 기능의 조절이 발생한다. 이러한 자동 조절을 통해 급성 요오드 과잉(예. 소독)에 즉각적인 적응으로 평형 유지가 가능하다. 또한 갑상선은 T4보다 T3를 우선적으로 합성하여 낮은 요오드 섭취량에 적응한다.

그림 3-2 갑상선 기능조절 모식도

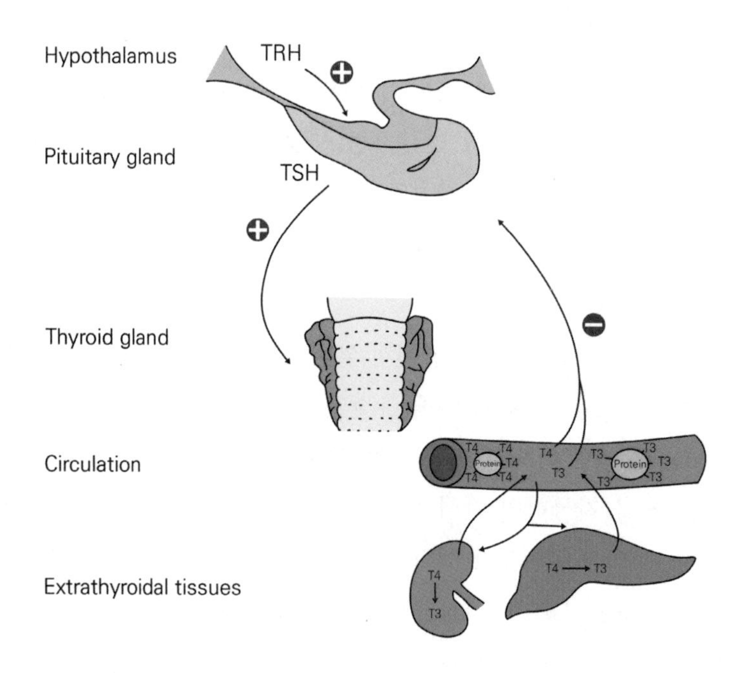

■ 갑상선 호르몬 작용

갑상선 호르몬의 효과 대부분은 T3와 특정 핵 수용체의 상호작용에 의해 매개되는 것으로, 이는 스테로이드 호르몬의 효과와 매우 유사하다. 이 수용체는 세포 내 단백질 수송 및 원형질막 이온 펌프에 대한 갑상선 호르몬의 작용을 중재한다. 갑상선 호르몬이 완전한 생리학적 효과에 도달하기까지는 특징적으로 몇 시간 또는 며칠의 지연 시간이 있지만 신체의 거의 모든 조직에 영향을 미친다. 여러 측면에서 갑상선 호르몬은 조직 성장 인자로 볼 수 있으며, 이에 어린 나이에 갑상선 호르몬 결핍은 성장지연의 결과를 초래한다. 갑상선 호르몬의 가장 먼저 알려진 생리학적 효과는 기초 대사율과 발열 생성의 자극이다. 갑상선 호르몬이 결핍된 동물은 체온 유지에 어려움을 겪으며 추운 환경에서는 생존하지 못할 수도 있다. Na+ −K+ −ATPase 및 Ca2+ −ATPase와 같은 단백질을 암호화하는 유전자에 영향을 미치는 갑상선 호르몬은 발열에 대한 영향의 큰 부분을 차지한다. 또한 근육 내 Na+ −K+ −ATPase 농도는 갑상선 기능 저하증이 있는 개에서 정상적인 갑상선 기능을 가지고 있는 개보다 훨씬 낮다.

II 갑상선 기능 저하증

1 원발성 갑상선 기능 저하증

■ 병인론

자발적인 형태에서는 진행성 자가면역 과정이 림프구 침윤과 갑상선 소포를 파괴한다. 염증성 침윤 없이 갑상선 위축이 나타나는 소위 특발성 형태도 자가면역 질환의 결과이다. 면역 매개 파괴는 서서히 진행되는 과정이며 갑상선 호르몬 결핍의 임상 증상은 갑상선 소포의 75% 이상이 파괴된 후에 뚜렷이 나타난다.

병원성으로 중요하지는 않지만 Tg에 대한 자가항체가 자가면역 갑상선염의 지표 역할을 할 수 있다. Tg에 대한 순환 항체는 갑상선 기능 저하견의 50% 이상에서 검출된다. 자가면역 파괴가 진행됨에 따라 갑상선 여포는 섬유성 및 지방 조직으로 대체되고 염증 세포는 사라지며 조직학적으로 비염증성 위축이 나타난다. 갑상선 호르몬에 대한 항체가 흔하지는 않지만 면역분석 결과에 거의 영향을 미치지 않는다는 점에 유의해야 하며 특히 T4의 경우 더욱 그렇다.

갑상선 기능 저하증과 부신피질 기능 저하증이 결합된 것을 슈미트 증후군이라고 한다. 갑상선 기능 저하증은 의인성으로 발생할 수 있으며, 특히 갑상선 기능 항진증이 자주 발생하는 고양이가 치료를 받은 경우에 더욱 잘 발생할 수 있다. 갑상선 기능 저하증은 방사성 요오드 치료나 양측 외과적 갑상선 절제술의 부작용일 수 있으며, 기능성 갑상선 종양에 대한 외부 방사선 치료를 받은 개에서도 갑상선 기능 저하증이 발생할 수 있다.

■ 임상 발현

갑상선염은 일반적으로 눈에 띄지 않는다. 이는 급성으로 소포가 파괴되는 갑상선염 동안 갑상선 호르몬이 순환계로 방출되기 때문이며, 결국 갑상선염이 있는 대부분의 개는 갑상선 호르몬 결핍의 증상을 관찰할 수 있다.

후천성 원발성 갑상선 기능 저하증은 주로 성견에서 나타나는 증상이다. 대형견은 소형견의 개보다 더 자주 영향을 받을 수 있지만 뚜렷한 품종 소인은 없다. 발생률은 수컷과 암컷 사이에 고르게 분포한다. 갑상선 호르몬은 신체의 거의 모든 조직의 기능에 영향을 미치므로 명백한 갑상선 기능 저하증의 고전적인 임상 양상은 거의 모든 기관 시스템에서 발현한다.

임상적으로 인지 가능한 증상이 나타나는 데 필요한 시간은 상당히 다르다. 무기력함은 몇 달 내에 나타날 수 있지만 피부 변화는 거의 1년이 걸릴 수 있다. 주된 임상 증상은 일반적으로 정신적, 육체적 활동의 둔화이다. 대부분의 갑상선 기능 저하증 개는 어느 정도 정신적 둔함, 무기력함, 운동을 꺼리는 증상을 보인다. 이러한 증상은 점진적으로 진행되고, 종종 약간의 변화로 인하여 때로는 치료가 시작될 때까지 주인이 인식하지 못할 수도 있다. 모발과 피부에서 관찰할 수 있는 변화 중에는 탈모증(종종 색소침착 동반), 피부 두꺼워짐과 얼굴 부종 등이 있다. 두꺼워지고 붓는 현상은 글리코사미노글리칸과 히알루론산이 진피에 축적되어 부종이 발생하는 피부 점액증 또는 점액수종으로 인하여 나타난다. 갑상선 기능 저하증에서는 말라세지아 감염을 포함한 2차 피부 감염이 자주 나타난다.

그림 3-3 갑상선 기능 저하증일 때 발생하는 피부 상태

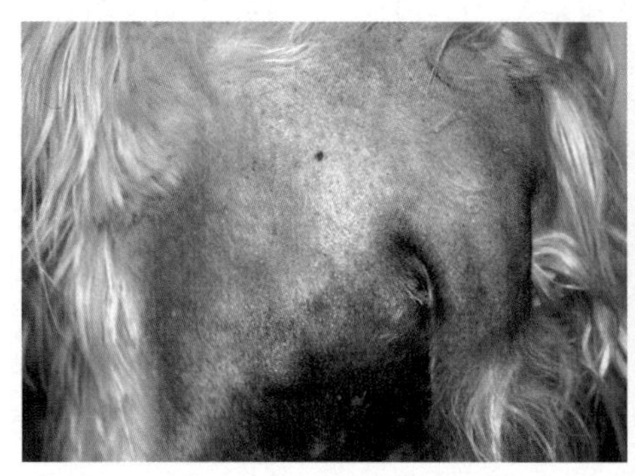

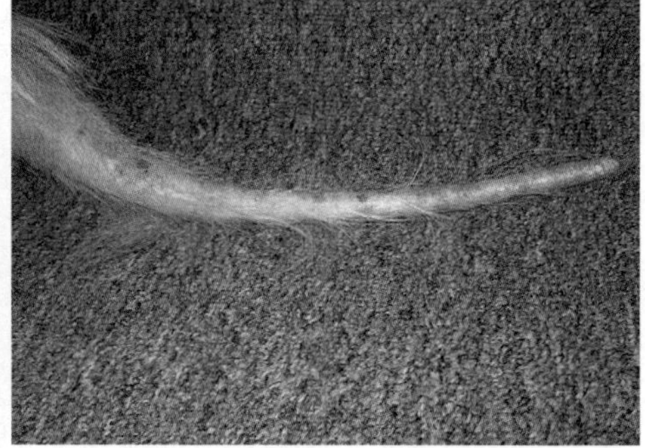

■ 원발성 갑상선 기능 저하증의 임상 증상

드물게, 갑상선 기능 저하증 개는 혼수 상태에서 응급 상황으로 나타난다. 주변 온도가 낮으면 갑상선 기능 저하증이 심각한 저체온증을 동반한 점액수종 혼수상태로 진행될 수 있다. 정기적인 임상병리 검사를 통해 여러 가지 혈액학적, 생화학적 이상을 확인할 수 있다. 심각한 고지혈증이 발생할 수 있으며 죽상동맥경화증과 혈전색전증으로 인한 신경학적 증상이 나타날 수 있다. 비재생성 빈혈과 고혈당증은 일반적으로 경미하게 나타난다.

■ 중추성 갑상선 기능 저하증

중추성 갑상선 기능 저하증에서는 갑상선이 주로 영향을 받지는 않지만 TSH에 의한 자극을 받지 못하여 발생하며, 조직학적 검사에서는 소포의 손실이 나타나지 않고 오히려 활동이 없는 특징이 드러난다. 이 상태는 원발성 갑상선 부전에 비해 드물게 나타난다. 자연적인 원인에는 뇌하수체 또는 인접 부위의 종양과 두부 외상이 원인이 된다. 3차 갑상선 기능 저하증은 큰 뇌하수체 종양이 있고 그 위의 시상하부가 소실된 개에서 나타난다. 중추 갑상 선기능 저하증은 뇌하수체 종양의 수술적 제거로 인해 발생할 수도 있다.

■ 임상 발현

임상 증상은 원발성 갑상선 기능 저하증과 유사하지만 일반적으로 덜 뚜렷하다. 무기력증과 탈모증이 있을 수 있지만 피부가 두꺼워지는 현상은 덜 두드러진다. 중추성 갑상선 기능 저하증에서는 이를 담당하는 TSH 분비에 대한 지속적인 부정적인 피드백이 부족하며, 반대로 성장 호르몬과 성선 자극 호르몬과 같은 다른 뇌하수체 호르몬의 분비 장애가 있는 경우가 많다.

드물지 않게 TSH 분비 감소를 유발하는 병변은 ACTH를 과다분비하는 선종과 같은 호르몬 분비 종양이다. 이러한 뇌하수체 종양으로 인해 발생하는 증상 및 징후는 뇌하수체 부전의 징후보다 앞서거나 동반되거나 심지어 불명확할 수도 있다. ACTH 분비 종양이 있는 경우, 중추성 갑상선 기능 저하증은 관련된 고코티솔혈증이 역전된 후에만 나타날 수 있다.

III 갑상선 기능 항진증

1 고양이의 갑상선 기능 항진증

고양이 갑상선 기능 항진증은 중년 및 노령 고양이에게 상대적으로 흔한 질병으로, 평균적으로 12~13세에 발병한다. 품종이나 성별에 따른 발생 차이가 없다. 갑상선 호르몬 과잉은 갑상선 선종성 증식 또는 선종에 의해 발생하며, 갑상선 엽 중 하나 또는 더 흔하게는 두 엽 모두에 영향을 미친다. 개에서 갑상선 기능 항진증의 주요 원인인 갑상선암종은 고양이의 경우 전체 사례의 3%에 불과하다. 갑상선 항진증 고양이의 갑상선에는 비활성 소포 조직으로 둘러싸인 여러 개의 증식성 결절이 있다.

■ 임상 발현

선종성 샘은 크게 커지지 않는 경향이 있으므로 보호자가 발견한 종괴로 인해 동물병원에서 처치를 받는 경우가 거의 없다. 따라서 갑상선 호르몬 과잉의 영향으로 인한 임상증상은 임상병리학적 검사로 이어진다. 갑상선 기능 항진증 고양이는 전형적으로 식욕이 증가함에도 마른 체형을 가지고 있으며 다뇨증이 있고 신경질적이며 불안감을 보이는 노령의 고양이의 모습을 가지고 있다. 이는 구속(간힘)과 같은 스트레스에 대한 내성이, 긴장하고 불안한 동물의 인상을 줄 가능성이 높다. 노령의 고양이의 경우 식욕 증가와 함께 체중 감소가 갑상선 기능 항진증을 의심하는 충분한 이유가 될 수 있으며 약 10%의 경우에는 임상 양상이 상당히 다를 수 있다.

일부 고양이에서는 체중 감소가 여전히 중요한 특징으로 남아 있지만 과다 활동과 식욕 증가보다는 무기력함과 거식증이 나타나며 이 형태는 질병의 말기일 수 있고 심장 질환과도 연관될 수 있다.

방사성 요오드 치료, 갑상선 수술, 활발한 갑상선 촉진 및 스트레스는 혈장 갑상선 호르몬 농도의 급성 상승을 유발할 수 있는 요인과 관련되어 있다. 갑상선 호르몬 과잉으로 인한 전신적 영향은 다양한 신체적 변화를 초래할 뿐만 아니라 여러 가지 생화학적 이상을 일으킬 수도 있다. 간 효소의 혈장 농도 증가, 요로 코르티코이드 : 크레아티닌 비율 증가 등이 있으며 이들 중 대부분은 치료를 통해 회복된다. 갑상선 기능 항진증에서 혈역학적 변화로 사구체 여과율의 현저한 증가가 나타나고 흔히 관찰되는 경미한 단백뇨는 사구체 고혈압과 과잉여과로 인하여 발생되는 것으로 치료를 통해 해결되기도 한다. 정상 범위 내에 있는 경우가 많지만 갑상선 기능 항진증 치료 후 혈장 크레아티닌 농도가 증가할 수 있다. 기존의 만성 신장 질환과 구별하여 밝혀내야 한다.

그림 3-4 갑상선 기능 항진증의 고양이 모습. 마른 체형에 신경질적인 모습으로 보인다.

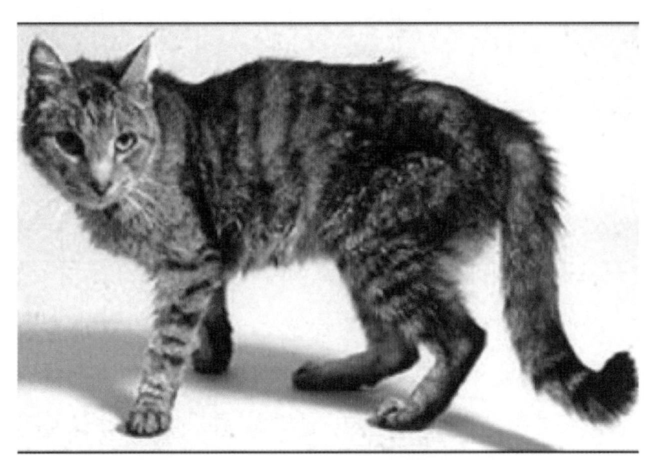

*출처: https://www.amcny.org/pet_health_library/hyperthyroidism-in-cats/

2 개의 갑상선 종양과 갑상선 기능 항진증

갑상선 종양은 전체 개 종양의 약 2%를 차지한다.

대부분의 양성 종양(선종)은 크기가 작고 일반적으로 생존 기간에는 발견되지 않는다. 종양은 아주 가끔 낭포성이 되어 보호자가 발견할 수 있을 만큼 커진다. 양성 갑상선 종양은 갑상선 기능 항진증을 시사하는 증상 때문에 발견될 수도 있다. 목을 주의 깊게 촉진하면 갑상선이 약간 커진 것을 확인할 수 있으며, 임상적으로 발견된 개 갑상선 종양의 85% 이상이 다소 크고(직경 >3cm) 고형이며 악성이다. 인접 구조물에 부착되거나 국소 림프절로 전이되는 등의 변화로 인해 신체검사 중에 악성 특성이 명백하게 나타날 수 있다.

현미경검사를 통해 대부분의 종양은 고형 조직과 소포 조직으로 구성되어 있는 반면, 일부 종양은 주로 한 가지 유형 또는 다른 유형으로 구성되어 있다. 동물의 갑상선암 중 개(특히 소포형)의 갑상선암은 사람의 소포암종과 가장 유사하다. 개 상피 갑상선 암종의 전이는 상대적으로 흔하며, 대부분 폐와 국소 림프절에 전이된다. 림프는 개의 갑상선에서 주로 두개골 방향의 상부 극 림프관을 통해 깊은 경부 림프절로 배출된다. 전이는 뇌하수체를 포함한 다른 많은 기관에서 발생한다. 갑상선 암종이 뼈로 전이되는 것은 인간에게는 일반적으로 일어날 수 있지만 개에서는 드물게 발생한다.

■ 임상적 특징

갑상선 종양이 있는 개의 평균 연령은 9세(범위 5~15세)이며 복서가 압도적으로 많다.

성별과 발생비율은 관계가 없다. 임상증상은 갑상선 비대 및 갑상선 호르몬의 과다분비로 인해 발생한다.

대부분의 갑상선 종양은 불편함을 유발하지 않는 중경부 또는 복경추 부위의 통증 없는 종괴로 보호자에 의해 발견된다. 그러나 종양의 크기가 증가함에 따라 연하곤란, 쉰 목소리, 기관 폐쇄와 같은 압박 증상을 유발할 수 있다. 크고 침습적인 종양은 경추 교감신경을 손상시켜 호너증후군을 유발할 수도 있다. 동맥 침범으로 인해 출혈로 인해 복부 경추 부위의 부종이 급격히 증가하는 응급 상황이 발생할 수 있다.

갑상설관 잔여물에서 발생하는 종양은 복부 정중선 두개골에서 후두까지 발생하며 혀 기저부와 설골을 침범할 수 있다. 심장 기저부의 이소성 갑상선 조직에서 발생하는 종양은 부정맥, 심낭 삼출, 전방 경추 부종을 유발할 수 있다. 갑상선 호르몬의 과다분비는 개의 갑상선 종양 사례의 약 10%에서 발생한다. 이는 고양이와 매우 유사하지만 자주 덜 심각한 갑상선 항진증 증후군을 보인다. 때때로 만져지는 갑상선 비대 없이 갑상선 기능 항진증의 증상이 나타나는 경우가 있는데, 이 경우 이소성 갑상선 조직에 있는 흉강 내 기능 항진 종양을 고려해야 한다.

3 갑상선호르몬의 실험실적 검사

갑상선 기능의 척도로서 T4는 갑상선에서만 생산되는 반면 혈장의 T3는 주로 말초 전환에 의해 파생되므로 T3보다 T4가 선호되어야 한다. 원발성 갑상선 기능 저하증이 있는 대부분의 개에서 혈장 TT4 및 유리 T4(fT4) 농도는 기준 범위보다 낮다. 그러나 갑상선 장애가 없는 개에서도 약물이나 질병으로 인해 감소할 수 있다. 이러한 갑상선 항상성 장애에 대해 비갑상선 질환 및 정상 갑상선 증후군이라는 용어가 도입되었다. 이러한 맥락에서 질병은 사실상 모든 비갑상선 질환, 수술 및 비수술적 외상, 부적절한 칼로리 섭취로 구성된다. 결과적으로, 낮은 기초 혈장 갑상선 호르몬 농도의 발견은 진단적 가치가 거의 없다. 이러한 이유로 TSH 또는 TRH를 사용한 자극 테스트가 옹호되었다. 혈장 TT4 농도 측정을 이용한 TRH 자극 테스트는 갑상선 기능 저하증이 있는 개와 비갑상선 질환이 있는 개를 충분히 정확하게 구별하지 못한다.

개에서 혈장 TSH에 대한 동종 면역측정법(Homologous immunoassays)을 도입하면 T4와 TSH의 쌍 측정을 통해 개의 뇌하수체-갑상선 축 평가를 크게 돕고 단순화할 것으로 예상되었다. 높은 TSH 농도가 있는 상태에서 낮은 T4 농도를 드러냄으로써 단일 혈액 샘플로 원발성 갑상선 기능 저하증 진단을 확정하는 데 충분할 것으로 기대되었으나, TSH 자극 테스트를 표준으로 사용하면 원발성 갑상선 기능 저하증이 있는 개 중 최대 1/3에서 혈장 TSH 농도가 상승하지 않는 것으로 나타났다. 원발성 갑상선 기능 저하증의 유발은 초기에 혈장 TSH 농도의 증가를 유발하지만 이후 낮은 혈장 T4 농도에 대한 TSH의 피드백 반응이 점진적으로 상실된다.

갑상선 기능 저하증의 임상 징후가 있는 개에서 낮은 혈장 TT4 농도와 높은 혈장 TSH 농도의 조합은 원발성 갑상선 기능 저하증을 진단할 수 있다. TT4가 낮지만 TSH가 기준 범위 내에 있는 경우 TSH 자극 테스트를 수행할 수 있지만 결과는 결정적이지 않을 수 있다. 방사성 핵종 스캔이나 과테크니튬산(99mTcO4-)을 사용한 갑상선 섭취량 측정, 고해상도 초음파 촬영 또는 갑상선 생검은 개의 원발성 갑상선 기능 저하증을 진단하는 데 가장 신뢰할 수 방법이다. 갑상선의 고해상도 초음파 검사에서 에코 발생성, 균질성 및 방추형 모양의 상실은 특히 원발성 갑상선 기능 저하증의 특징이다. 갑상선 기능 평가에 역할을 할 수 있는 총 및 유리 갑상선 호르몬 농도, 갑상선 자가항체 및 뇌하수체 호르몬을 측정하는 데 다양한 검사와 방법론이 이용 가능하다. 또한, 시상하부-갑상선-뇌하수체 축은 다양한 자극제와 억제제의 투여를 통해 조작될 수 있다. 진단 샘플링에는 하루 중 시간의 영향이 없지만, 특정 치료 모니터링에는 투약 후 시간이 중요하다.

갑상선 기능 검사 시 유의사항

개 갑상선 기능 저하증

- 갑상선 기능 저하증은 개에게 가장 흔한 내분비 장애이다. 임상 징후는 다양하지만 체중 증가, 정신적 둔감, 머리카락이나 털의 변화 등이 포함될 수 있다. 임상병리학적 소견에는 경미한 정상구성 빈혈, 정상색소성 비재생성 빈혈 및 공복 고콜레스테롤혈증이 포함되는 경우가 많다. 대부분의 갑상선 기능 저하증 개는 일차 질환(갑상선 내에서 발생)을 갖고 있어 기본 혈청 총 티록신(총 T4)과 유리 T4 농도가 낮고 내인성 TSH 농도가 높다. 이차성 갑상선 기능 저하증은 갑상선 기능 저하견의 5% 미만에서 발생하며 뇌하수체 전엽의 TSH 생산 장애로 인해 발생한다.
- 중상위 범위의 총 T4는 갑상선 기능 저하증을 배제한다. 기준 혈청 총 T4 농도만을 사용하여 갑상선 기능 저하증을 진단하는 것은 비갑상선 질환이 있을 때 총 T4 농도가 억제되어 종종 불가능하다. 글루코코르티코이드, 페노바르비탈, 미토탄도 총 T4를 감소시킬 수 있다. 또한 사이트하운드(예리한 시력을 가지고 있는 사냥개)는 다른 품종보다 총 T4가 낮다.
- 유리 T4는 비갑상선 질환 및 약물 투여에 의해 영향을 덜 받는 것으로 알려져 있다.
- 동시 개 특정 내인성 TSH(cTSH)는 갑상선 기능 저하증이 있는 개의 60~70%에서 증가한다.
- 개 갑상선 기능 저하증 진단을 위한 현재 권장 사항(특히 질병이 동반된 경우)에는 혈청 총 T4, 유리 T4 및 TSH가 포함된다.
- 치료(레보티록신)에 대한 치료 모니터링에는 총 T4 측정과 임상 증상 해결이 모두 포함된다.
  - 치료에 반응이 없는 경우
  - 갑상선중독증의 징후가 나타나는 경우
  - 복용량에 변화가 있는 경우
- 혈청 TT4는 치료 시작 후 4~8주에 측정해야 한다.
- 최대 총 T4 농도(약 복용 후 4~6시간에 채취한 샘플)는 RI의 상반부 또는 바로 위에 있어야 한다(예. 39~77nmol/L). 혈청 총 T4 농도는 알약 투여와 샘플링 사이의 시간 간격에 관계없이 > 19nmol/L 여야 한다.
- TSH 농도 측정은 진단 당시 TSH 농도가 RI보다 높았던 치료받은 개에게 유용할 수 있다. TSH 농도는 적절한 갑상선 호르몬 보충 후 4~6시간 후에 측정했을 때 RI 내에 있어야 한다.

고양이 갑상선 기능 항진증

- 갑상선 기능 항진증은 노령의 고양이에게 가장 흔한 내분비 장애이며 일반적으로 갑상선의 결절성 증식증 또는 선종의 존재로 인해 발생한다. 일반적으로 나타나는 임상병리학적 소견은 적혈구증가증, ALT 및/또는 ALP 증가이다.
- 진단은 일반적으로 높은 기준 혈청 총 T4 농도에 따라 쉽게 확인된다. 그러나 갑상선 기능 항진증이 의심되는 고양이의 기준선 총 T4 농도는 동시 질병이나 비갑상선 질환(euthryroid sick)이 있는 경우 RI 범위 내에 있을 수 있다. 근본적인 신장 질환은 갑상선 기능 항진증이 있는 고양이에서 특히 흔하다. 이러한 상황에서 추가 진단 옵션은 평형 투석을 통한 유리 T4 측정(송신 테스트), 총 T4 반복 또는 T3 억제이다.

- 투석을 통한 Free T4는 경미한 갑상선 기능항진증이나 비갑상선 질환이 있는 대부분의 고양이를 식별한다. 위양성률은 5~6%이다. 값은 임상 증상과 총 T4의 맥락에서 해석되어야 한다.
- 치료 유형에 따라 치료 시작 후 치료 모니터링이 권장된다. 총 T4는 경구 약물 투여 시작 후 2~4주, 용량 변경 후 2주 반복되어야 한다. 2~4주가 되면 최고 수준과 최저 수준이 거의 동일해진다. 치료로 인해 발생하는 심박출량 및 사구체 여과의 변화 가능성으로 인해 반복적인 생화학적 패널검사도 권장된다.

IV 부신 기능의 이해와 실험실적 검사

1 부신피질호르몬의 합성과 방출

부신은 신장의 앞쪽 내측에 위치한 한 쌍의 샘 조직이다. 각각은 발생학적 기원이 다른 두 개의 기능적으로 구별되는 내분비선으로 구성된다. 각 샘의 수질은 에피네프린과 노르에피네프린을 분비하는 신경외배엽 기원의 융합된 크롬친화성 세포로 구성된다. 주변 피질은 중배엽에서 발생하며 조직학적으로 토리층(zona glomerulosa), 다발층(zona fasculata), 그물층(zona retularis) 세 구역으로 구분할 수 있다. 모든 포유류 종에서 태아 부신 피질의 성장과 기능은 뇌하수체에서 분비되는 부신피질 자극 호르몬(ACTH)의 영향을 받는다.

다발층(zona fasculata)은 가장 두꺼운 층이다. 이는 그물층(zona retularis)에서 토리층(zona glomerulosa)까지 이어지는 세포 기둥으로 구성되며 세포는 비교적 크고 세포질 지질을 많이 함유하고 있다. 이 영역에서는 글루코코르티코이드(코티솔과 코르티코스테론)와 안드로겐이 생성된다. 그물층(zona retularis)의 세포는 상당한 지질 함량을 가지고 있지 않지만 조밀하게 과립화된 세포질을 가지고 있으며, 이를 '소형 세포'라고 부른다. 이 구역에서는 안드로겐뿐만 아니라 글루코코르티코이드도 생성한다. 이는 다발층(zona fasculata)과 함께 단일 단위의 기능을 가지고 있다. 토리층은 작고 지질이 부족한 세포는 부신 피막 아래에 흩어져 있으며 미네랄코르티코이드(주로 알도스테론)를 생산한다.

2 코르티코이드 합성과 분비

부신 피질에는 저밀도 지질단백질(LDL)을 내부화하는 수용체가 풍부하다. LDL에서 유리된 유리 콜레스테롤은 스테로이드 생성의 출발 화합물 역할을 하지만, 콜레스테롤도 분비선 내에서 아세테이트로부터 합성된다. 시토크롬 P-450 효소는 콜레스테롤에서 스테로이드 호르몬으로의 대부분의 효소 전환을 담당한다.

이들 효소는 전구체 분자의 산화 절단을 포함하여 산화를 촉매하는 막 결합 혈액 단백질이다. 코르티코스테론을 통해 데옥시코르티코스테론을 알도스테론으로 전환시키는 미토콘드리아 시토크롬 P-450 효소 알도스테론 합성효소는 토리층에서만 발견된다.

스테로이드 생성 세포는 호르몬을 저장할 수 없으므로 호르몬은 생합성 직후에 분비된다. 코르티솔, 11-데옥시코르티솔, 코르티코스테론, 11-데옥시코르티코스테론 및 알도스테론은 전적으로 부신피질 분비에서 유래되는 반면, 다른 스테로이드는 부신피질과 생식선 공급원의 조합에서 유래된다.

3 호르몬의 이송과 대사

분비된 후 부신피질 호르몬은 주로 혈장 단백질에 결합되어 이동한다. 혈장 내 코티솔의 약 75%는 코르티코스테로이드 결합 글로불린(CBG)에 높은 친화력으로 결합되어 있다. 혈액 내 총 코티솔의 추가 12%는 알부민 및 적혈구에 낮은 친화력으로 결합되어 있다. 안드로겐과 알도스테론은 주로 알부민에 낮은 친화력으로 결합한다. 순환하는 결합 단백질의 생리학적 역할은 혈장 코르티솔 농도의 급격한 변화를 방지하는 완충작용을 한다. 이는 활성 코르티솔이 표적 기관으로 유입되는 것을 억제하고 급격한 대사 분해 및 배설로부터 코르티솔을 보호한다. 결합되지 않은 스테로이드는 타액선으로 쉽게 확산되며 개 타액의 코티솔 농도는 전체 혈액 코티솔 농도의 7~12%에 해당하며 유리 분획과 유사하다.

간과 신장은 코르티코스테로이드 대사의 주요 부위로, 코르티코스테로이드를 비활성화하고 수용성을 증가시키며, 이후 글루쿠로나이드 또는 황산염 그룹과의 결합도 마찬가지이다. 개를 포함한 몇몇 종에서는 비활성화되고 결합된 대사산물의 대부분이 신장에 의해 글루쿠로니드로 쉽게 배설되는 반면, 고양이에서는 담즙을 통해 배설이 주로 황산염으로 배설된다. 전체 코티솔 분비량의 1~2%는 변형되지 않은 채 소변으로 배설된다. 소변에서 ‘유리된’ 코티솔을 측정하면 코티솔 생산이 통합적으로 반영된다.

그림 3-5 코티솔(Cortisol) 방출 조절

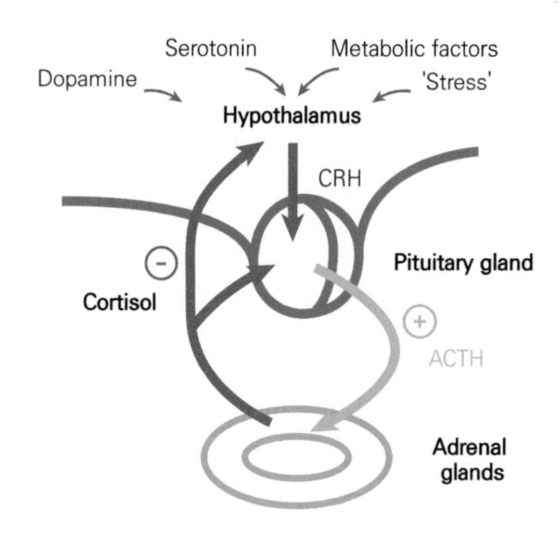

4 글루코코르티코이드의 분비 조절

부신 피질의 중간 및 내부 영역은 거의 전적으로 ACTH의 혈장 농도에 의해 제어된다. ACTH는 39개의 아미노산 잔기로 구성된 단일 펩타이드 사슬 구조이다.

신경내분비 조절에서는 (1) 간헐적 분비, (2) 스트레스에 대한 반응, (3) 코티솔에 의한 피드백 억제, (4) 면역학적 요인 4가지 메커니즘으로 구분될 수 있다.

중추신경계에서는 개에서 24시간당 6~12회에 걸쳐 ACTH 폭발의 수와 크기를 모두 조절한다. 개와 고양이의 일시적 분비는 인간에서 발생하는 것처럼 혈장이나 타액 내 코티솔 농도의 입증 가능한 일주기 리듬 정도까지 이른 아침 시간에 증가하지 않는다. ACTH와 코티솔은 마취, 수술 등의 스트레스가 시작된 후 몇 분 안에 분비된다. 스트레스 반응은 중추신경계에서 시작되며 CRH 및 VP와 같은 시상하부 뇌하수체자극 호르몬의 방출을 증가시킨다. 반면, 고양이의 경우 취급 및 피내 피부 테스트와 같은 가벼운 스트레스로 인해 코르티솔, ACTH의 혈장 농도가 증가한다. 동물병원에서 채집한 소변의 코르티코이드 : 크레아티닌 비율은 집에서 채집한 소변의 비율보다 높다.

ACTH와 코티솔 분비의 세 번째 주요 조절자는 피드백 억제이다. 글루코코르티코이드의 억제 작용은 여러 표적 부위에서 발휘되며, 글루코코르티코이드의 피드백 작용은 적어도 두 개의 구조적으로 다른 수용체 분자, 즉 미네랄코르티코이드를 통해 발휘된다. 감염으로 인한 면역 체계의 공격은 항상 시상하부–뇌하수체–부신피질 축을 활성화한다. 이러한 반응은 활성화된 면역 세포의 콜로니에서 방출되는 폴리펩티드 그룹인 전염증성 사이토카인에 의해 매개된다. 다른 사이토카인도 스트레스에 대한 반응과 관련이 있지만 IL–1은 특히 시상하부–뇌하수체–부신피질 축을 활성화한다. 이는 말초의 활성화된 대식세포에서 방출되고 뇌에서도 생성된다. 사이토카인의 조절 작용은 주로 시상하부 수준에서 발휘되며, 여기서 CRH는 시상하부 반응의 주요 중재자이다. 시상하부–뇌하수체–부신피질 축의 이러한 사이토카인 매개 활성화는 또한 글루코코르티코이드에 의한 피드백 조절의 대상이 되며, 이는 사이토카인 활성화에 대한 시상하부 반응을 손상시킬 뿐만 아니라 대식세포에서 사이토카인 생성을 차단한다. 따라서 신경내분비계와 면역계 사이에는 양방향 신호전달이 이루어진다. 다양한 전신 유래 인자(신경펩티드, 신경전달물질, 성장인자, 사이토카인, 아디포카인) 및 부신수질분비 조절이 코르티코스테로이드 방출에 영향을 미칠 수 있다. 부신피질 세포는 이러한 요인에 대한 매우 다양한 수용체를 발현하여 건강과 질병에서 코티솔 방출에 직접적인 영향을 미친다. 심각한 질병, 패혈증, 염증을 포함한 여러 질병 상태에서는 ACTH와 관계없이 코티솔 방출이 있을 수 있다. 신경펩티드, 신경전달물질, 호르몬 또는 사이토카인에 대한 수용체의 과발현은 혈장 ACTH 농도의 억제와 함께 코르티솔 과다증을 유발할 수 있다.

5 미네랄코르티코이드 분비 조절

알도스테론 방출을 조절하는 두 가지 주요 메커니즘은 레닌–안지오텐신–알도스테론 시스템(RAAS)과 칼륨이다. RAAS는 저혈량증 기간 동안 알도스테론에 의해 유발된 나트륨 저류를 촉진하고 고혈량증 동안 알도스테론 의존성 나트륨 저류를 감소시킴으로써 순환 혈액량을 일정하게 유지한다. 칼륨 이온은 RAAS와 독립적으로 알도스테론 분비를 직접 조절한다. 고칼륨혈증은 탈분극을 통해 알도스테론 분비를 자극하고, 저칼륨혈증은 토리층(zona glomerulosa) 세포막의 재분극을 통해 알도스테론 분비를 억제한다. 따라서 알도스테론 분비는 칼륨과 RAAS 모두에 대한 음성 피드백 루프에 의해 조절된다. 이 두 가지 조절 메커니즘 외에도 알도스테론 분비는 여러 가지 다른 요인(ACTH, 나트륨 이뇨 펩타이드 및 다양한 신경 전달 물질)에 의해 영향을 받지만, 이들 중 어느 것도 직간접적으로 음성 피드백 루프에 연결되어 있지 않다. 또한 일반적으로 스트레스에 반응한다는 공통된 특징을 가지고 있다. ACTH는 매우 강력한 급성 알도스테론 분비 촉진제이다. RAAS의 생리학적 작용의 대부분은 안지오텐신-II와 그 수용체 중 하나에 의해 매개된다. 여기에는 세동맥 혈관 수축, 세포 성장, 알도스테론 생산이 포함된다. 안지오텐신-II는 혈관 저항과 혈압을 상승시키며, 이는 레닌 생합성 및 분비에 대한 수용체의 직접적인 억제 작용에 의해 부분적으로 상쇄된다. 안지오텐신-II는 원심성 및 구심성 사구체 세동맥을 수축시켜 사구체 여과율과 신장 혈류를 조절한다.

안지오텐시노겐은 안지오텐신-II를 포함한 여러 안지오텐신 펩타이드의 전구체이다. 안지오텐시노겐은 주로 간에서 생산되며 순환계에서 안지오텐시노겐은 레닌과 다른 효소에 의해 분해되어 안지오텐신-I을 방출한다. 안지오텐신 전환 효소(ACE)는 비활성 데카펩티드 안지오텐신-I을 활성 옥타펩티드 안지오텐신-II로 전환한다. ACE 억제 화합물은 심부전 치료에서처럼 RAAS를 차단하기 위해 임상적으로 사용된다. 단백질 분해 효소 레닌은 신장의 사구체 옆 세포에서 합성된다. 신장 압수용체의 자극은 레닌의 방출을 위한 가장 강력한 메커니즘이다. 구심성 세동맥의 이러한 신장 수용체는 감소된 신장 관류압에 반응하여 레닌 방출을 자극한다. 세뇨관 내강의 나트륨 농도는 모니터링되며 낮은 나트륨 수치는 레닌을 방출한다.

그림 3-6 알도스테론 방출 조절

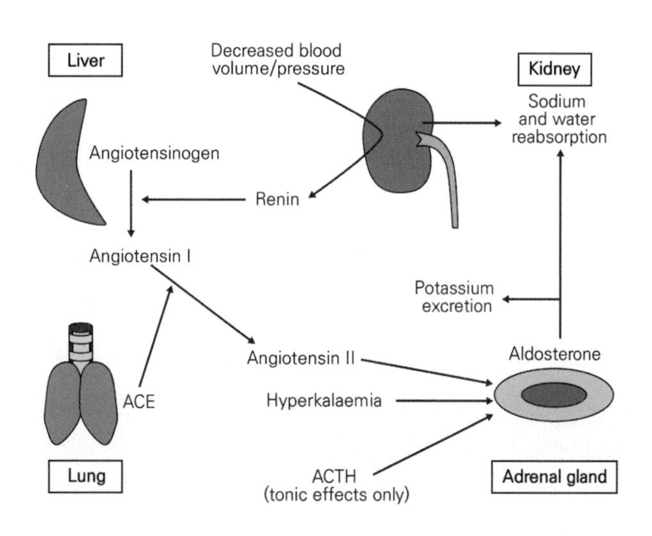

6 글루코코르티코이드 작용

글루코코르티코이드의 조직으로의 특이적 작용은 생산 속도와 글루코코르티코이드 수용체(GR)의 활성화에 의해서만 결정되는 것이 아니다. 말초 조직에서 코르티솔은 효소에 의해 수용체 수준에서 대사된다. 이 효소는 두 가지 동형 단백질(Isoform)로 발생한다. 1형은 간, 생식선, 지방 조직을 포함한 많은 조직에 널리 분포되어 있으며 생체 내에서 주로 환원효소로 작용하여 비활성 글루코코르티코이드 코르티손으로부터 활성 코르티솔을 생성한다. 2형 효소는 신장과 같은 무기질코르티코이드 표적 조직에서 주로 발현된다. 코르티솔 활성화 수용체는 표적 유전자의 특정 DNA 서열과 상호작용하여 mRNA 합성과 그에 따른 특정 단백질 합성에 변화를 일으킨다.

특히 공복 상태에서 글루코코르티코이드는 포도당 신생합성과 기질의 말초 방출을 통해 정상 혈당을 유지한다. 후자는 포도당 흡수 및 대사 감소와 단백질 합성 감소로 인해 아미노산 방출이 증가함으로써 이루어진다. 또한 지방조직에서는 지방분해가 촉진된다. 중간 대사 및 기타 효과에 대한 이러한 효과를 통해 글루코코르티코이드는 거의 모든 조직과 혈액 세포 및 면역 기능을 포함한 많은 과정에 영향을 미친다.

7 미네랄코르티코이드 작용

널리 퍼져 있는 미네랄코르티코이드 수용체는 알도스테론과 글루코코르티코이드인 코르티솔 및 코르티코스테론에 대해 동일한 친화력을 가지고 있지만 후자의 두 호르몬은 알도스테론보다 훨씬 더 높은 농도로 순환한다. 주요 미네랄코르티코이드로서 알도스테론은 세포외액량을 조절, 칼륨 항상성의 주요 결정인자로서 작용의 두 가지 중요한 작용을 한다. 이러한 효과는 알도스테론 및/또는 데옥시코르티코스테론(DOC)이 주로 신장의 상피 세포 세포질에 있는 미네랄코르티코이드 수용체에 결합함으로써 매개된다. 알도스테론과 데옥시코르티코스테론(DOC)은 미네랄코르티코이드 수용체에 대해 거의 동일한 친화력을 가지며 거의 비슷한 농도로 순환하지만, 알도스테론의 훨씬 더 많은 부분이 유리 호르몬으로 순환하기 때문에 정량적으로 더 중요하다. 원위 세뇨관에서 알도스테론과 데옥시코르티코스테론(DOC)은 나트륨의 재흡수와 칼륨의 배설을 증가시킨다.

호르몬–수용체 복합체가 핵에 도달하면 근단막의 아밀로라이드에 민감한 상피 나트륨 채널이 활성화되는 일련의 과정이 시작된다. 그 후, 증가된 나트륨 유입은 기저측막의 Na+K+ –ATPase를 자극하고 알도스테론이 활성 나트륨 재흡수를 증가시키면 세뇨관 세포에서 소변으로 칼륨의 수동적 이동을 촉진하는 전기화학적 구배가 확립된다. 따라서 칼륨은 나트륨과 직접 교환되어 배설되지 않고 오히려 나트륨의 활성 재흡수에 직접적으로 의존하는 방식으로 배설된다. 체액이 심하게 고갈된 경우와 같이 거의 모든 나트륨이 네프론에서 근위부로 재흡수되는 경우 원위 재흡수 부위에는 나트륨이 거의 도달하지 않는다. 따라서 높은 수준의 알도스테론에도 불구하고 원위 세뇨관으로 나트륨 전달이 없으면 칼륨 배설이 최소화된다. 반대로, 나트륨 섭취량이 많으면 칼륨 배설이 증가한다. 이는 동물이 나트륨의 근위부 재흡수의 일부를 차단하는 이뇨제를 투여받아 더 많은 나트륨이 원위 재흡수 부위에 도달하게 하는 경우 특히 더 그렇다. 알도스테론은 신장, 결장, 타액선과 같은 전형적인 상피 표적에 대한 효과 외에도 다른 상피 및 비상피 조직에도 주요 작용을 한다. 내피세포와 심장 조직에 대한 알도스테론의 작용은 혈압 항상성에 기여한다. 알도스테론은 미네랄코르티코이드에 의한 혈장 및 세포외액량의 팽창과 전체 말초저항 증가의 두 가지 주요 메커니즘을 통해 혈압을 증가시킨다.

V 부신피질 기능 저하증(애디슨병)

부신피질 부전이라는 용어에는 부신 스테로이드 호르몬의 분비가 동물의 요구량 이하로 떨어지는 모든 상태를 포함한다. 두 가지 주요 형태는 다음과 같다.

(1) 부신 피질의 병변 또는 질병 과정으로 인한 원발성 부신피질 부전
(2) 뇌하수체에 의한 ACTH 방출 부족으로 인한 이차성 부신피질 부전

이러한 절대적 호르몬 결핍 상태 외에도 상대적 부신피질 부전이 있을 수 있다.

1 원발성 부신피질 기능 저하증

■ 병인론

원발성 부신피질 저하증은 부신피질의 점진적인 파괴로 인해 발생하며 부신피질 조직의 90% 이상을 침범해야만 증상과 징후가 나타나게 된다. 흔히 발견되는 위축은 면역 매개 파괴의 결과로 나타나기도 한다. 이 질환은 1855년 당시 일반적으로 결핵의 결과였던 인간의 증후군을 처음으로 기술한 의사 Thomas Addison의 이름을 따서 애디슨병이라고도 한다. 면역 매개 파괴는 일반적으로 시상하부와 뇌하수체에 대한 뚜렷한 음성 피드백으로 인한 높은 혈장 ACTH 수치와 함께 글루코코르티코이드와 미네랄코르티코이드의 절대 결핍으로 일어난다. 또한 파괴는 부신 피질의 중간 및 내부 영역에 국한되어 비정형 원발성 부신피질 저하증을 초래할 수도 있다. 이는 일반적으로 인식되는 것보다 더 흔할 수 있는데, 이는 전형적인 또는 고전적 원발성 부신피질 저하증의 증상 및 징후의 주요 결정 요인인 미네랄코르티코이드 결핍이 없어 쉽게 간과되기 때문이다. 소수의 경우, 비정형 원발성 부신피질 저하증은 초기 진단 후 수개월 이내에 미네랄코르티코이드 결핍증을 포함하도록 진행된다. 원발성 부신피질 저하증은 다선결핍 증후군의 일부일 수 있으며 동시 내분비샘 부전에는 원발성 갑상선 기능 저하증, 제1형 당뇨병, 원발성 부갑상선 기능 저하증이 포함될 수 있다. 원발성 부신피질 부전의 다른 원인으로는 부신피질 출혈, 진균 감염, 전이성 질환 등이 있지만 그런 경우는 드물다. o,p'−DDD 또는 trilostane을 사용하여 쿠싱병을 치료하면 의인성 부신피질 저하증이 발생할 정도로 부신 피질이 파괴될 수 있다.

■ 임상 증상

원발성 부신피질 기능 저하증은 주로 어린 개부터 중년 개(평균 4세)에게 발생하는 드문 질병으로 암컷에서 더 발생률이 높으며 8주 정도 어린 개에게서도 나타날 수 있다. 그레이트 데인, 포르투갈 워터독, 로트와일러, 스탠다드 푸들, 웨스트 하이랜드 화이트 테리어, 비어디드 콜리, 레온베르거, 노바스코샤 오리 톨링 리트리버, 소프트 코팅 휘튼 테리어는 다른 품종의 개에 비해 부신피질 기능 저하증이 발생할 상대적 위험이 더 높다. 특정 품종 소인과 발생에도 불구하고 대부분의 품종에서는 부신피질 기능 저하증의 유전적인 근거는 없다.

고양이의 부신피질 저하증은 성묘 또는 노령묘에서 나타나지만 매우 드물다. 이 질병은 일반적으로 부신피질의 점진적인 자가면역 파괴로 인해 발생하므로 천천히 진행되며 쇠약, 피로, 식욕부진 및 구토가 서서히 시작된다. 질병에 이환된 동물은 심각한 우울증, 쇠약, 저긴장성 탈수 상태의 응급 상황이 될 수 있다. 초기 증상은 매우 경미하거나 소유자가 거의 인식하지 못할 수 있다. 조기 진단 시 체액 및 전해질 항상성 유지에 있어 중요한 한계점을 넘기 전에 호르몬 결핍에 대처할 수 있다. 글루코코르티코이드 결핍이 일부 무기력, 쇠약, 위장 장애 및 경미한 비재생성 빈혈을 유발할 수 있으며, 이들 모두는 확실히 임상 증상을 보이지만 증상은 주로 미네랄코르티코이드 결핍에 의해 발생한다. 많은 임상증상은 나트륨 손실로 인한 저장성 탈수와 관련된다. 고칼륨혈증은 신경근 기능에 영향을 미쳐 특히 심장 전도 장애를 유발함으로써 문제를 야기한다. 환자의 신체 상태에 부적합한 낮은 심박수는 고칼륨혈증의 가능성을 경고해야 하지만, 혈장 칼륨이 서맥 및/또는 서맥을 유발할 만큼 높지 않은 경우 심박수는 그다지 낮지 않을 수 있다. 또는 저혈량 쇼크에 따른 교감신경의 자극으로 심박수가 증가한다.

2 2차성 부신피질 기능 저하증

속발성 부신피질 기능 부전에서는 ACTH 결핍으로 인해 부신피질의 중간 및 내부 영역에서 분비가 저하된다. 이는 큰 뇌하수체 종양으로 인해 발생할 수 있으며 일반적으로 여러 뇌하수체 호르몬 결핍을 유발한다. 이차성 부신피질 저하증은 또한 두개뇌 외상과 연관될 수도 있다. 장기 코르티코스테로이드 치료로 인한 의인성 이차성 부신피질 부전은 자연발생 질환보다 훨씬 더 흔하다. 부정적인 피드백을 통해 이 치료법은 CRH와 ACTH 합성 및 분비를 만성적으로 억제하고 결과적으로 근막대와 망상대를 위축시킨다. 어떤 이유로든 외인성 스테로이드를 중단하면 상대적 또는 절대적 코르티솔 저하증이 발생한다. 코르티코스테로이드를 중단한 후 ACTH에 대한 부신피질의 반응이 완전히 회복되고 뇌하수체 ACTH 방출이 회복되기까지는 수개월이 필요할 수 있다.

부신피질 기능 부전의 가능성, 그 크기 및 지속 기간은 모두 투여된 코르티코스테로이드의 용량, 고유의 글루코코르티코이드 활성, 투여 일정 및 지속 기간에 따라 달라진다. 또 다른 의원성 형태는 뇌하수체 절제술로 인한 ACTH 결핍이 발생할 수 있다.

■ 임상 증상

속발성 부신피질 부전의 경우 무기질 코르티코이드 생산은 주로 뇌하수체 외 기전에 의해 조절되므로 사실상 영향을 받지 않는다. 따라서 원발성 부신피질 부전의 극적인 특징을 나타내는 저혈압 및 쇼크 경향은 없다. 반대로, 글루코코르티코이드 결핍으로 인해 경미한 우울증, 식욕부진, 위장 장애 및 경미한 비재생성 빈혈이 발생할 수 있지만 이 상태는 오랫동안 인지하지 못할 수 있다. 그럼에도 불구하고 동물이 뇌하수체–부신피질 시스템을 활성화하여 스트레스에 대처할 수 없기 때문에 잠재적으로 위험한 것으로 평가되어야 한다. 대수술이나 외상은 글루코코르티코이드 보충이 제공되지 않는 한 위험한 상황이 발생하거나 마취 회복 실패가 발생할 수 있다. 또한 코르티솔 저하증은 심각한 만성 저혈당증을 유발할 수 있다.

VI 부신피질 기능 항진증(쿠싱병)

1 뇌하수체 의존성 부신피질 기능 항진증

개와 고양이 모두에서 뇌하수체 의존성 부신피질 기능 항진증은 중년 및 노령 동물의 질병이지만, 1세 정도의 어린 개에서도 발생할 수 있다. 개에서는 뚜렷한 성별 발생비율이 나타나지 않지만, 고양이의 경우 가장 많이 보고된 사례는 암컷이었다. 이 현상은 모든 개 품종에서 발생하며 닥스훈트나 미니어처 푸들과 같은 작은 품종에 대한 호발이 약간 있을 수 있다. 고양이의 경우 이 질병은 드물다. 신체적 변화와 일반적인 실험실 소견은 글루코코르티코이드 과잉에 대한 것이다. 뇌하수체 기원이라는 임상적 징후는 뇌하수체 종양이 신경학적 증상을 유발할 만큼 충분히 커졌을 때만 관찰되며 종종 무기력, 식욕 부진, 정신적 둔함으로 발병을 인지하지 못할 수 있다 .

과도한 ACTH를 생성하는 뇌하수체 병변은 선종 및 큰 종양까지 다양하다. 일부 뇌하수체 선종은 해면정맥동, 경막, 뇌 및 드물게 접형골과 같은 주변 조직에 침윤한다. 이를 '침윤성 선종'이라고 부르며, 두개외 전이가 있는 예외적인 종양만 암종으로 간주된다. 뇌하수체 의존성 고코티솔혈증은 다발성 내분비 종양 증후군의 구성 요소이다.

개와 고양이의 뇌하수체 전엽과 중간부로 나누어 볼 때 ACTH 과잉은 뇌하수체 전엽과 중간부 모두에서 발생할 수 있다. 약 1/4에서 1/5의 경우 중간부에 선종이 있지만 종양은 양쪽 엽에서도 발생할 수 있다. 이는 중간부 종양이 뇌하수체 전엽 종양보다 더 큰 경향이 있을 뿐만 아니라 중간부에서 호르몬 합성의 특정 시상하부 조절로 인해 임상적으로 중요하다. 중간부는 직접적인 신경 조절, 주로 강장성 도파민 억제를 통해 글루코코르티코이드 수용체의 발현을 억제하며 이는 중간부 기원의 뇌하수체 의존성 고코르티솔증이 덱사메타손에 의한 억제에 저항하는 이유를 설명한다. 그러나 이는 고코르티솔증을 유발하는 뇌하수체 병변이 원발엽의 조절 특성을 유지하지 않기 때문에 뇌하수체 전엽 병변과 절대적인 차이는 아니다. 뇌하수체 전엽의 코르티코트로프 선종은 정상적인 코르티코트로프 세포보다 글루코코르티코이드의 억제 효과에 덜 민감해진다. 저용량 덱사메타손 억제 테스트(LDDST)에서 정상 동물과 고코르티솔증이 있는 동물을 구별하는 데 사용되는 뇌하수체 의존성 고코르티솔증의 기능적 특징이다.

2 부신종양성 부신피질 기능 항진증

조직학적으로 부신피질 종양은 선종과 암종으로 나눌 수 있는데, 구별이 어렵다. 양성으로 보이는 종양을 현미경으로 검사하면 혈관으로의 확장을 확인할 수 있다. 부신피질 종양은 내분비학적으로 임상발현의 여부가 있으며(안 할 수도 할 수도 있음) 호르몬적으로는 활성일 수도 있다. 건강검진에서 복부 초음파 촬영 시 무증상 종양이 발견될 수도 있다. 부신 병리와 관련되지 않은 이유로 영상 진단 중에 우연히 발견된 부신 종양을 우발종이라고 한다. 고코르티솔증을 유발하는 부신피질 종양은 명확한 성별 선호가 없는 중년 및 노령기의 개와 고양이 모두에서 발생한다. 대부분의 부신피질 종양은 한쪽의 고립성 병변으로, 두 샘이 거의 동일하게 영향을 받지만, 양측 종양은 약 10%의 경우에서 발생한다. 임상 소견은 글루코코르티코이드 과잉으로 나타난다. 또한 전이로 인한 대량 관련 증상 및 징후나 체중 감소 및 거식증과 같은 악성 종양의 비특이적 특징이 있을 수도 있다.

코르티솔 외에도 부신피질 종양은 다른 부신피질 호르몬을 과도하게 생성할 수도 있다. 코르티솔을 분비하는 부신피질 종양에 의한 부신 성호르몬의 과다분비는 매우 자주 발생한다. 안드로겐 과다분비는 부신피질 종양의 탈분화를 반영할 수 있으며, 과형성 및 잘 분화된 양성 부신피질 조직에서 스테로이드 생성이 최종 생성물인 코르티솔로 진행되지만 탈분화된 부신피질 종양은 스테로이드 생성을 효율적으로 수행할 수 없다.

부신피질기능항진증 (Cusing's syndrome)의 증상	부신피질기능저하증 (Addison's disease) 임상증상
① 다음, 다뇨, 다식, 무기력 ② 삭모 부분에 털이 자라지 않음. ③ 좌우 대칭성 탈모 ④ Pot belly(올챙이배) ⑤ 피부가 얇아짐. 근육 감소 ⑥ 가벼운 운동으로 호흡곤란 ⑦ 피부질환(특히 모낭충, 말라세지아 등)	① 허탈 ② 기면 ③ 식욕부진 ④ 체중감소 ⑤ 구토, 설사, 복통 ⑥ 다음, 다뇨

Ⅶ 부신피질 호르몬의 실험실적 검사

1 원발성 부신피질 기능 저하증 진단

병태생리학적 관점에서 Na:K 비율이 27 미만인 경우 전형적인 원발성 부신피질 저하증의 병리학적 증상으로 평가한다. 그러나 이러한 낮은 비율은 신부전증, 당뇨병, 위장병 등 여러 다른 조건에서도 발견될 수 있으며 검체의 EDTA 오염으로 인해 발생할 수도 있지만 신전질소혈증, 저나트륨혈증, 고칼륨혈증의 특징적인 생화학적 소견과 치료에 대한 좋은 반응을 고려하면 진단은 확실하다. 그러나 그 결과는 평생 치료로 이어지기 때문에 항상 확진검사를 통해 진단해야 한다. 원발성 부신피질저하증에서는 소변과 혈장 내 코티솔의 기본 수치가 낮지만 다른 이유로도 낮을 수 있다. 마찬가지로, 기본 혈장 알도스테론 농도는 완전 원발성 부신피질 저하증이 있는 개에서는 낮지만, 부신피질저하증이 없는 개에서도 낮을 수 있다. 따라서 진단을 확립하기 위해서는 부신피질 예비능력검사, 즉 ACTH 자극검사가 필요하다.

ACTH 자극 시험에서는 합성 ACTH(코신트로핀 또는 테트라코사트린)를 정맥 또는 근육 내로 투여하고 혈장 코르티솔 측정을 위해 주사 직전과 주사 후 60분에 혈액을 채취한다. 건강한 개에서는 ACTH 이후 혈장 코르티솔 농도가 270~690nmol/l

까지 상승한다. 전형적인 원발성 부신피질저하증이 있는 개에서는 ACTH 투여 후 기본 혈장 알도스테론 농도가 크게 증가하지 않는다. 어떤 경우에는 혈장 코르티솔 측정을 사용한 ACTH 자극 테스트 결과가 잘못된 결론을 내릴 수도 있다. 장기간의 글루코코르티코이드 치료 또는 뇌하수체 질환과 같은 만성 ACTH 결핍은 부신 피질의 글루코코르티코이드 생성 영역의 심각한 위축을 초래하고 결과적으로 ACTH 투여에 대한 반응 저하를 초래할 수 있다. 이러한 이유와 주사용 ACTH의 가용성 및 높은 비용에 대한 우려로 인해 대안이 개발되었다. 이는 관련 내인성 호르몬 관계의 변화, 즉 ACTH : 코티솔 비율과 알도스테론 : 레닌 비율에 기초한다. 단일 혈액 샘플에서 이러한 비율을 측정하면 원발성 저코르티솔증과 원발성 저알도스테론증이라는 두 가지 특정 진단에 대해 검사할 수 있다.

2 속발성(2차성) 부신피질 기능 저하증 진단

저나트륨혈증과 고칼륨혈증이 없는 상태에서 낮은 요로 코르티코이드/크레아티닌 비율이 발견되면 속발성 부신피질 부전을 의심한다. ACTH 자극 테스트에서 기본 혈장 코르티솔 수치는 낮고 ACTH에 대한 반응은 정상이거나 다소 낮거나 반응이 없다. 반응이 없으면 오랫동안 지속된 ACTH 결핍의 결과일 수 있다. 그러나 토리층(zona glomerulosa)에는 거의 또는 전혀 관여하지 않고 다발층(zona fasculata)과 그물층(zona retularis)만 선택적으로 위축되는 원발성 부신피질 부전의 가능성이 남아 있다. 이러한 가능성을 구별하려면 혈장 ACTH 측정 및 CRH 자극 테스트가 필요하다. 원발성 부신피질 부전이 있는 개에서는 기저 혈장 ACTH 농도가 높고 CRH에 대해 과장된 반응이 나타난다. 이차성 부신피질 부전이 있는 개에서는 ACTH 수치가 낮고 CRH 자극에 반응하지 않는다. 자발성 이차성 부신피질저하증의 존재에 대한 생화학적 확실성이 있으면, ACTH 결핍을 유발하는 병변을 찾기 위해 뇌하수체의 영상학적 진단방법이 필요하다.

3 부신피질기능항진증 진단

■ 뇌하수체의존성 진단

고코르티솔증이 확인되면 뇌하수체 의존성 고코르티솔증과 다른 형태를 구별할 필요가 있다. 글루코코르티코이드에 의한 억제에 대한 민감도 감소에도 불구하고,

코르티코트로프 선종으로 인한 뇌하수체 의존성 코르티솔 과다증이 있는 대부분의 동물에서 ACTH 분비는 10배 더 높은 용량의 덱사메타손에 의해 억제되어 코르티솔 분비가 감소한다. 다른 형태의 글루코코르티코이드 과잉에서 코티솔의 과다분비는 뇌하수체 ACTH에 의존하지 않으므로 고용량의 덱사메타손에 의해 영향을 받지 않는다. 두 가지 절차가 사용되는데, 하나는 혈장 코르티솔을 사용하고 다른 하나는 UCCR을 사용한다. 두 가지 모두 기준치보다 50% 이상 감소하면 뇌하수체 의존성 고코르티솔증이 확인되며 억제율이 50% 미만인 경우 고코르티솔혈증은 덱사메타손 억제에 극도로 저항하는 뇌하수체 ACTH 과잉으로 인해 여전히 뇌하수체에 의존적일 수 있으며 추가적인 차별화에는 혈장 ACTH 측정이 필요하다. 과다분비 부신피질 종양이 있는 동물에서는 기본 ACTH 농도가 일반적으로 억제된다. 두 개체가 동시에 발생하여 ACTH 값의 해석이 불확실한 경우 CRH 자극 테스트 및 부신과 뇌하수체의 영상진단검사가 추가적으로 필요하다. 고코르티솔증에 대한 일상적인 검사는 종종 음성이지만, 10일 동안 UCCR을 연속적으로 측정하면 경미하고 변동이 심한 고코르티솔증이 있음을 보여줄 수 있다. 코르티솔 과잉증을 치료한 후에는 털이 다시 정상으로 돌아온다. 생화학적 소견으로 뇌하수체 의존성 고코르티솔증이 확인되면 컴퓨터 단층촬영(CT)이나 핵자기공명영상(MRI)을 통해 뇌하수체를 촬영한다. 뇌하수체 절제술이나 뇌하수체 방사선 조사를 치료에 사용하려면 이러한 영상진단 필수적이다.

■ 부신종양성 진단

부신피질 종양이 있는 일부 개는 중등도의 코티솔 과잉을 나타내므로 중등도의 증상과 징후가 있다. 이러한 경우 UCCR은 정상 범위의 상한선 근처에 있는 경우가 많지만 덱사메타손에 의해 억제되지 않는다. 부신피질 종양은 일반적으로 정상 선의 크기를 크게 초과하지만 종양 조직은 보통 중간 정도만 활성화된다. 즉, 신생물 변형으로 인해 단위 부피당 기능이 저하된다. 부신피질 종양에 의한 코티솔 과다분비는 덱사메타손 투여로 억제할 수 없다. 혈장 코르티솔 농도 또는 UCCR로 측정한 바와 같이, 고용량 덱사메타손 억제에 대한 저항성은 부신피질 종양 또는 덱사메타손 내성 뇌하수체 의존성 고코티솔혈증으로 인해 거의 동일한 확률로 발생한다. 코르티솔을 분비하는 부신피질 종양이 있는 일부 개에서 덱사메타손 투여는 UCCR과 혈장 코르티솔 모두에서 역설적인 증가를 유발한다. 부신피질 종양으로 인한 코르티솔 과다증은 혈장 ACTH를 측정하여 억제 불가능한 형태의 뇌하수체 의존성 코르티솔증과 구별될 수 있다.

또한, 부신피질 종양은 초음파검사로 쉽게 발견되는 경우가 많다. 따라서 억제할 수 없는 고코르티솔증의 경우 혈장 ACTH를 측정하고 부신 초음파검사를 수행하는 것이 일반적인 검사 절차이다. 부신피질 종양이 발견된 경우 혈장 ACTH가 낮아야 하기 때문에 ACTH를 측정하는 것이 여전히 유용하며, 그렇지 않은 경우 뇌하수체 의존성 고코르티솔증도 있는지 확인하기 위한 추가 검사가 필요하다. 부신 시각화를 위해서는 자기공명영상(MRI)과 컴퓨터 단층촬영(CT)을 할 수 있지만 초음파검사가 검사 비용이 적게 들고, 검사 시간도 비교적 단축할 수 있으며, 마취도 필요하지 않아 CT나 MRI에 비해 시행과 판독이 어렵더라도 먼저 사용하는 경우가 많다. 이는 종양 크기에 대한 좋은 추정치를 제공하고 종양 확장에 대한 정보를 밝힐 수 있다. 대결절 증식증과 부신피질 종양을 초음파검사로 구별하는 것이 때로는 어렵기 때문에 CT나 MRI가 필요할 수도 있다. 무엇을 사용하든 결과는 생화학적 연구 결과, 즉 기초 혈장 ACTH 및 필요한 경우 CRH 자극 테스트와 연계하여 해석되어야 한다. 부신피질 종양의 존재가 확인되면 원격 전이의 가능성을 고려해야 한다. 부신을 식별하기 위한 복부 초음파검사 중에 간의 전이 여부도 검사해야 하며 전이가 발견되면 초음파 유도 생검을 시행할 수 있다. 폐의 전이를 배제하기 위해 흉부 방사선 사진이나 흉부의 CT검사를 실시한다.

[검체 샘플링 노트]

- 내인성 ACTH는 열에 매우 불안정하며 정확한 결과를 얻으려면 세심한 샘플링과 처리가 요구된다.
- 용혈은 분석을 방해하므로 채혈 과정에서 용혈되지 않도록 주의한다.

1) 샘플을 차가운(가능한 경우) 플라스틱 EDTA 튜브 또는 실리콘 코팅 유리 EDTA 튜브에 수집한다.
2) 샘플을 원심분리할 수 있을 때까지 즉시 얼음이 들어 있는 쿨러에 샘플을 넣는다.
   용혈을 피하기 위해 샘플을 얼음 위에 직접 놓지 않는다.
3) 혈장은 1~2시간 이내에 분리되어야 한다.
4) 즉시 검사가 어려울 경우 혈장 1ml를 플라스틱 튜브에 옮겨 담아 냉동한 후
   이동 시 얼음팩에 담아 냉동된 상태로 실험실에 의뢰한다.
5) 외부 실험실 의뢰로 전혈을 보내지 않는다.

 췌장의 내분비 기능의 이해와 실험실적 검사

1 췌장 내분비 호르몬의 합성과 방출-인슐린의 합성과 분비 조절

■ 췌장의 내분비 호르몬

췌장은 소화와 포도당 항상성을 담당하는 필수 기관이다. 이는 복강의 상복부 및 중위부에 위치한 얇고 가느다란 우엽(십이지장)과 짧고 두꺼운 좌엽(비장)으로 구성되며 췌장체에서 결합된다. 형태는 V자 형태이다. 췌장의 내분비 기능은 랑게르한스섬으로 알려진 세포 클러스터에 의해 발생한다. 성체 동물에서는 전체 췌장 질량의 약 1~2%를 차지하며 외분비 조직 전체에 불규칙하게 흩어져 있다. 섬에는 네 가지 주요 유형의 세포가 있다. 인슐린과 아밀린을 생성하는 β세포, 글루카곤을 생성하는 α세포, 소마토스타틴을 생성하는 δ세포, 췌장 폴리펩티드를 생성하는 PP(Pancreatic Polypeptide)세포이다. TRH, ACTH, 칼시토닌 유전자 관련 펩타이드, 콜레시스토키닌, 가스트린 및 췌장스타틴을 포함한 면역 염색 법을 사용하여 섬세포에서 여러 다른 펩타이드와 호르몬이 확인된다. 섬세포는 혈관이 많고 모세혈관이 뚫려 있어 투과성이 증가한다. 섬-선 포문 시스템은 내분비 췌장 조직과 외분비 췌장 조직 사이를 연결한다. 섬세포는 췌장 호르몬의 방출에 영향을 미치는 교감신경 및 부교감신경 섬유에 의해 지배된다.

■ 인슐린 분비 조절

탄수화물, 단백질, 지질 대사를 정상적으로 조절하려면 인슐린의 지속적인 가용성과 순간적인 인슐린 조절이 필수적이다. 생체에는 식사 사이에 적절한 기저 인슐린 분비와 식사 후 인슐린 분비 증가를 보장하는 복잡한 메커니즘이 있다. 가장 중요한 조절자는 혈액 내 포도당 농도이며, 혈당 농도와 인슐린 분비율 사이에는 양의 피드백 관계가 있다. 포도당은 포도당 수송 단백질 GLUT 2를 통해 β세포로 운반되며, 이는 세포외 포도당 농도와 세포내 포도당 농도 사이의 빠른 평형을 가능하게 한다. β세포 내에서 포도당은 대사되어(글루코키나제에 의한 인산화 및 피루브산 생성) ATP를 생성한다. ATP : ADP 비율이 증가하면 β세포막의 ATP에 민감한 칼륨 채널이 폐쇄되어 칼륨 이온이 β세포에서 나가는 것을 방지한다. 이는 차례로 막의 탈분

극과 막의 전압 의존성 칼슘 채널의 개방을 유발한다. 세포질 칼슘의 증가는 인슐린 방출을 유발한다. 경구 투여된 포도당은 정맥 내 투여된 포도당보다 더 뚜렷한 인슐린 분비를 유발한다. 이러한 현상은 소위 인크레틴 호르몬의 작용에 기인하며, 가장 중요한 것은 글루카곤 유사 펩타이드-1(GLP-1)과 위 억제 폴리펩타이드(GIP)라고도 불리는 포도당 의존성 인슐린 친화 폴리펩타이드이다. 인크레틴은 영양분에 반응하여 위장관의 내분비 세포에 의해 분비된 후 혈류를 통해 췌장섬으로 운반되어 β세포의 수용체와 상호 작용하여 인슐린 분비를 증폭시킨다.

포도당과 기타 당분 외에도 아미노산과 지방산도 인슐린 분비를 자극한다. 자극은 직접적이거나 인크레틴에 의해 강화될 수 있다. 일반적으로 인슐린 분비는 미주신경 섬유에 의해 자극되고 교감신경 섬유에 의해 억제된다. 몇몇 다른 췌장 호르몬은 인슐린 분비에 직간접적으로 영향을 미친다. 아밀린(섬 아밀로이드 폴리펩티드, IAPP)은 인슐린과 함께 분비되는 단일 사슬 37개 아미노산 펩티드이다. 음식 섭취 억제, 글루카곤 방출 조절, 위 배출 지연을 시키며 아밀린과 그 대사 효과는 사람과 고양이의 제2형 당뇨병 발병에 중요한 역할을 할 수 있다. 29개 아미노산으로 구성된 단일 사슬 펩티드인 글루카곤은 글루카곤 장애가 당뇨병에서 중요한 역할을 한다는 증거가 나타나고 있으며 인슐린의 많은 주요 대사 효과에 반대하여 정상적인 혈당 농도를 유지하기 위해 인슐린과 협력하여 작용하는 주요 이화 호르몬이다.

음식 섭취 후에는 에너지를 보존하고 고혈당을 예방하기 위해 인슐린 분비가 증가한다. 음식 섭취 후 간격이 길어지고 혈당이 감소하기 시작하면 저혈당을 예방하고 에너지 저장을 동원하기 위해 글루카곤이 분비된다. 인슐린과 글루카곤 비율의 변화는 주로 혈당 농도에 의해 조절되며, 아미노산 농도에 따라 이보다 적은 정도가 조절된다. 인슐린과 글루카곤 사이에는 파라크린 신호전달이 있어 인슐린은 글루카곤 분비를 억제하고 글루카곤은 인슐린 방출을 자극한다. 소마토스타틴은 많은 조직에서 확인된 14개 아미노산 펩타이드이다. 췌장 소마토스타틴은 흡수, 소화 및 위장관 운동을 억제하는 효과가 있다. 이는 인슐린과 글루카곤 분비의 잠재적으로 중요한 파라크린(Paracrine) 억제제이다.

■ 인슐린의 작용

인슐린은 친화도가 높은 세포 표면 수용체에 결합하여 수많은 대사 과정을 조절한다. 이러한 수용체는 신체 전체에 널리 분포되어 있으며 인슐린이 포도당 흡수를 중재하는 조직(예. 근육 및 지방 조직)뿐만 아니라 그렇지 않은 조직(예. 간, 뇌, 신장 및 적혈구)에서도 발견된다. 다른 단백질 호르몬 수용체와 마찬가지로 인슐린 수용체도 원형질막에 내장되어 있다. 수용체는 이황화 결합으로 연결된 2개의 α-소단위와 2개의 β-소단위로 구성된 사량체 단백질이며 α-소단위는 세포 외에 있으며 인슐린 결합 도메인을 포함하는 반면, β-소단위는 세포막을 관통한다. 인슐린 수용체는 티로신 키나제 수용체이며 인슐린이 α-서브유닛에 결합하면 β-서브유닛의 티로신 키나제 활성이 유발되어 수용체의 촉매 활성을 활성화시키는 자가인산화가 발생한다. 인슐린 수용체에 의해 인산화된 '기질' 단백질을 인슐린 수용체 기질(IRS) 분자라고 하며 이들은 인슐린 신호 전달 경로의 주요 중재자이며 인슐린 수용체와 세포 내 분자의 복잡한 네트워크 사이의 도킹 단백질 역할을 한다.

인슐린이 수용체에 결합한 후 몇 초 이내에 소위 빠른 인슐린 작용으로 인해 포도당, 아미노산, 칼륨 및 인산염이 세포에 흡수된다. 중간 작용은 몇 분 내에 일어나며 주로 단백질과 포도당 대사에 영향을 미치며, 몇 시간 후에는 주로 지질 대사와 관련된 지연 작용이 뒤따른다. 포도당은 극성 분자이므로 세포막을 통과하여 확산될 수 없다. 그 수송은 포도당 수송체(GLUT) 단백질군에 의해 여러 조직에서 또는 나트륨을 이용한 능동 수송에 의해 (장과 신장에서) 촉진된다. 그중 GLUT4는 주요 인슐린 반응 수송체이며 거의 독점적으로 근육과 지방 조직에서 발견된다. 인슐린은 GLUT4 분자를 세포질에서 세포막으로 전위시켜 이 두 조직에서 포도당 수송을 자극한다. 세포막과 융합되어 포도당 진입을 위한 구멍 역할을 한다. 인슐린 수치가 감소하면 GLUT4 분자가 세포막에서 제거된다. 뇌, 간, 신장 및 장관과 같은 다양한 다른 조직에서 포도당 흡수는 인슐린과 무관하며 다른 GLUT 단백질을 통해 발생한다.

인슐린은 신체에서 가장 중요한 동화 호르몬이며 영양분 저장의 이화작용을 방지한다. 주요 기능은 포도당을 글리코겐으로, 아미노산을 단백질로, 지방산을 지방으로 저장하는 것이다. 인슐린의 주요 표적 조직은 간, 근육, 지방 조직이다. 인슐린은 글리코겐 합성효소 활성을 증가시켜 간과 근육에서 글리코겐 합성을 촉진한다. 인슐린은 말초 조직에서 단백질 합성을 촉진하여 포도당 신생을 위한 아미노산의 이용 가능성을 감소시키기 때문에 인슐린에 의해 포도당 신생성이 감소된다. 또한 인슐린은 아미노산을 포도당으로 전환시키는 데 관여하는 간 효소의 활성을 감소시킨다. 지방 조직에서 인슐린은 지질 합성을 촉진하고 지질 분해를 억제한다. 인슐린은 또한 간 외 조직의 모세혈관 내피에 위치한 효소인 지질단백질 리파제의 활성을 증가시켜 지방산이 지방 조직으로 들어가는 것을 촉진한다. 지방분해의 억제는 호르몬에 민감한 리파제의 억제에 의해 매개된다. 인슐린은 단백질 합성을 자극하고 단백질 분해를 억제하여 양성 질소 균형을 촉진한다. 인슐린의 주요 길항제는 글루카곤이다. 글루카곤은 주로 간에 작용하여 포도당 생성과 글리코겐 분해를 증가시키고 글리코겐 합성을 감소시킨다. 또한 지방 분해를 향상시키는 능력으로 인해 케톤을 생성하는 호르몬이다. 인슐린과 글루카곤은 단백질 섭취 후 함께 작용한다. 둘 다 혈장에서 아미노산이 증가하면 방출된다. 인슐린은 혈당과 아미노산을 감소시키는 반면, 글루카곤은 간의 포도당 신생합성을 자극하여 포도당 감소에 대응한다. 이러한 상호작용은 단백질과 지방을 섭취하는 식단에서 성장과 생존을 가능하게 한다.

IX 개와 고양이의 당뇨병

1 개의 당뇨병

당뇨병은 개에서 가장 흔한 내분비 질환 중 하나이며 유병률은 0.3~0.6%이다. 많은 개에서 이 질병은 유전적 소인이 있는 개체의 β세포 자가면역 파괴로 인해 발생하는 사람의 제1형 당뇨병과 유사하다. 당뇨병을 앓는 개의 혈청에서 β세포에 대한 항체가 입증되었으며, 이는 이러한 항원이 자가면역 과정에 관여함을 나타낸다. 대부분의 개는 진단 시 중년에서 노령이기 때문에 개의 1형 당뇨병에 가장 잘 해당하는 것으로 보인다. 당뇨병이 있는 개는 자가면역 병인이 가능한 동시 내분비 질환(예. 갑상선 기능 저하증 및 애디슨병)을 앓을 수 있다. 당뇨병은 생후 12개월 미만의 개에서 가끔 발생하며, 대부분 자가면역 파괴로 인한 것이 아니라 β세포 무형성증이나 생체 위축으로 인한 것일 가능성이 높다. 다른 형태의 당뇨병에는 급성 또는 만성 췌장염이나 췌장 신생물로 인한 췌장 파괴, 다른 질병이나 요인으로 인한 인슐린 저항성이 포함된다. 외분비 췌장 부전(EPI)은 췌장염의 후유증일 수도 있으며 당뇨병이 있는 개에서 가끔 볼 수 있다. 일반적인 암컷 개에서는 발정기 동안 프로게스테론 수치가 증가하면 유선에서 유래하는 성장 호르몬(GH)의 순환 수치가 증가하며 이는 원칙적으로 생리학적으로 일어나지만 일부 개에서는 GH의 당뇨병 유발 작용으로 인해 당뇨병이 발생한다. 명백하게 당뇨병이 발병하기 전에는 간과되었던 이전 임신 단계의 경미한 증상이 있었을 수 있다. 즉시 중성화 수술을 실시하고 β세포 기능이 여전히 충분하다면 당뇨병의 완화가 가능하다. 포도당 불내증과 당뇨병도 글루코코르티코이드에 의해 유발될 수 있다. 그러나 고코르티솔증이 있는 대부분의 개에서는 혈당 농도가 정상이거나 약간만 상승한다. 프로게스틴 및/또는 글루코코르티코이드를 투여하면 개보다 고양이에서 더 자주 당뇨병을 유발할 수 있다.

■ 임상 증상

당뇨병은 일반적으로 중년부터 노년의 개에게 발생하고, 대부분 5세 이상이며, 12개월령의 개에서는 거의 발생하지 않는다. 사모예드, 다양한 테리어 품종(호주, 티베트, 케른, 웨스트 하이랜드 화이트), 미니어처 슈나우저, 비글, 푸들(미니어처 및 토이종)은 당뇨병 위험이 높다. 복서, 독일 셰퍼드 개, 골든 리트리버는 위험이 낮은 것으로 보인다. 당뇨병의 대표적인 4가지 증상은 다뇨증, 다갈증, 다식증, 체중 감소이다. 개가 당뇨병성 백내장으로 인해 시력을 잃을 때까지 이러한 사실은 눈에 띄지 않는 경우도 있다. 당뇨병이 있는 개의 약 50%가 당뇨병 진단 후 첫 6개월 이내에 백내장이 발생하고 약 80%가 당뇨병 진단 후 16개월 이내에 백내장이 발생한다. 수정체 유발 포도막염의 잠재적인 위험으로 인해 당뇨병이 진행되는 동안 눈을 면밀히 모니터링해야 한다. 조기 수술 후 예후는 일반적으로 좋다. 백내장 이외의 증상과 징후는 당뇨병의 기간과 중증도, 췌장염이나 감염과 같은 동반 질환의 발생 가능성에 따라 달라진다. 당뇨병이 있는 개는 비만이거나 정상 체중이거나 저체중일 수 있다. 피모가 거칠어지고 간비대가 만져질 수 있다. 그러나 소위 단순 당뇨병에 걸린 개는 일반적으로 비교적 좋은 신체 상태를 유지한다. 대조적으로, 케톤산증 또는 고삼투압성 비케토시스 증후군이 복합된 당뇨병을 앓고 있는 개는 일반적으로 무기력, 거식증, 수분 섭취 감소 및 구토 증상을 나타낸다.

■ 진단 및 검사

당뇨병은 적절한 증상 및 징후, 지속적인 고혈당증 및 당뇨를 기준으로 진단된다. 대부분의 당뇨병이 있는 개는 혈당 농도가 포도당 재흡수를 위한 신장 용량(~10mmol/l)을 초과하여 다뇨증과 다갈증이 발생할 때까지 동물병원에서 검사를 받지 않는다. 스트레스성 고혈당증은 고양이와 마찬가지로 개에서도 관련 감별진단이 아니다. 혈당 농도는 불안이나 다른 질병에 의해서도 증가할 수 있지만, 이러한 고혈당증은 경미하거나 그 원인(예. 두부 외상 또는 발작)이 명백하게 나타난다. 스트레스를 받지 않고 별다른 특징이 없는 개에서 경미한 고혈당증이 지속된다면 고코르티솔증과 같은 인슐린 저항성을 유발하는 질병에 대한 검색이 필요할 수 있다. 당뇨병은 신장 결손이나 특정 약물에 의해 발생할 수도 있으므로 당뇨병만으로는 당뇨병 진단에 충분하지 않다.

프룩토사민 측정은 개의 진단 자체에 필요하지는 않지만 장기적인 관리에 유용하며 초기 측정이 기준점을 제공하므로 권장된다. 프룩토사민은 혈장 단백질의 포도당과 아미노기 사이의 비가역적 반응의 산물이며, 이는 이전 1~2주 동안의 평균 혈당 농도를 반영한다. 이는 혈당 농도의 단기적인 변화에 영향을 받지 않는다. 기준 범위는 약간씩 다르지만 일반적으로 약 200~350μmol/l이다. 당뇨병이 있는 개나 고양이가 진단 당시 정상적인 프룩토사민 수치를 갖는 것은 드문 일이지만 매우 짧은 기간(5일 미만)의 당뇨병 또는 저단백혈증이 원인일 수 있다. 새로 진단된 당뇨병 개에서 프룩토사민은 일반적으로 400μmol/l이상이고 때로는 1000μmol/l 이상 나타날 수 있다.

추가 조사를 통해 다음과 같은 항목을 확인해야 한다.

- 질병의 심각도, 즉 당뇨병성 케톤산증의 여부
- 구내염, 치은염, 요로감염 등 당뇨병 관리에 지장을 줄 수 있는 질환의 동반 여부
- 췌장염, 코르티솔 과다증, 디스트루스, 당뇨병 유발 약물 등 당뇨병을 유발할 수 있는 기저 질환/요인에 대한 증거

정기적인 혈액학, 혈장 또는 혈청 생화학, 소변검사 및 소변 배양을 수행해야 한다. 전형적인 소견으로는 스트레스 류코그램(Leukogram), 고지혈증, 알라닌 아미노트랜스퍼라제(ALT) 및 알칼리성 포스파타제(ALP)의 경미하거나 중등도 상승, 다뇨증에도 불구하고 소변 비중이 1.020이상이거나 농뇨가 있거나 없는 포도당뇨, 단백뇨, 세균뇨 등이 있다. 합병증이 없는 당뇨병에서도 소변에 케톤체의 흔적이 있을 수 있다. 필요할 수 있는 추가 진단 절차에는 방사선 사진, 복부 초음파검사, 트립신유사 면역반응성(TLI) 측정 및 개 췌장 리파제 면역반응성(cPLI)이 포함한다. 고코르티솔혈증검사는 당뇨병 치료가 안정화된 후 실시한다.

개 당뇨병의 분류

인슐린 결핍 당뇨병

개에서 원발성 인슐린 결핍 당뇨병는 췌장 베타 세포의 점진적인 손실을 특징으로 한다. 당뇨병이 있는 개에서 베타 세포 결핍/파괴의 병인은 현재 알려져 있지 않지만 여러 가지 질병 과정이 관련되어 있는 것으로 생각된다.

- 선천성 β세포 형성저하/무생체증
- 외분비 췌장 질환과 관련된 β세포 손실
- 면역 매개성 β세포 파괴
- 특발성

인슐린 저항성 당뇨병

일차 인슐린 저항성 당뇨병(IRD)은 일반적으로 다른 호르몬에 의한 인슐린 기능의 길항작용으로 인해 발생한다.

- 발정성/임신성 당뇨병
- 다른 내분비 장애에 따른 이차적 증상: 부신피질항진증, 말단비대증
- 의인성: 합성 글루코코르티코이드, 합성 프로게스타겐
- 비만과 관련된 당(glucose) 불내증은 인슐린 저항성을 유발할 수 있지만 개 당뇨병의 주요 원인은 아니다.

2 고양이 당뇨병

당뇨병은 고양이에게 흔한 내분비 질환이다. 제1형 당뇨병은 개와 달리 고양이에서는 매우 드물다. β세포와 인슐린에 대한 항체는 고양이에서 발견되지 않았으며 면역 매개 파괴의 지표인 림프구 침윤은 소수의 사례에서만 설명되었다. 현재 당뇨병 고양이의 약 80%에서 이 질병은 임상적 특징과 섬의 조직학에 기초하여 제2형 당뇨병과 유사하다. 제2형 당뇨병은 인슐린 작용 장애(인슐린 저항성)와 β세포 기능 장애가 결합된 이질적인 질병이다. 환경적 요인과 유전적 요인이 두 요인의 발달에 중요한 역할을 하지만, 고양이에서는 유전적 요인이 아직 특성화되지 않았다. 추가적인 위험 요인으로는 연령 증가, 남성 성별, 중성화, 신체 활동 부족, 글루코코르티코이드 및 프로게스틴 투여, 비만 등이 있다. 고양이의 가장 중요한 위험 요소는 비만이며 비만 고양이는 최적 체중의 고양이보다 당뇨병 발병 가능성이 3.9배 더 높은 것으로 나타났다. 수컷 고양이는 실험 이전에 인슐린 감수성이 낮은 경향이 있었고 암컷 고양이보다 체중이 더 많이 증가했는데, 이는 당뇨병에 걸릴 위험이 더 크다는

것을 설명할 수 있다. 비만이 인슐린 저항성을 유발하지만 모든 비만 고양이가 당뇨병에 걸리는 것은 아니라는 점에 유의하는 것이 중요하다.

β세포가 건강할 때 비만과 인슐린 저항성에 대한 적응 반응이 인슐린 분비의 증가로 나타나 정상적인 포도당 내성이 유지된다. 그러나 β세포 기능 장애가 있는 경우 내당능이 손상되어 결국 제2형 당뇨병이 발생한다. 이는 명백한 고혈당증 및 당뇨병 증상이 나타나기 전의 역치 상황으로 인슐린 분비 능력이 80~90% 감소했을 때 발생한다. 아밀로이드 침착은 당뇨병이 있는 고양이의 약 90%에서 발견되지만, 나이든 건강한 고양이에서도 흔히 발견되므로 β세포 손상의 주요 원인이 아니라 기여 요인으로 간주되어야 한다. 포도당 독성은 장기간의 고혈당이 β세포의 인슐린 분비를 손상시킨다는 개념이다. 이 현상은 3~5일 동안 지속적으로 고혈당 수준을 유도한 후 인슐린 분비가 중단되는 건강한 고양이에서 잘 입증될 수 있다. 처음에는 인슐린 분비 억제가 가역적이지만 결국 β세포 손상은 영구적이 된다. 지방독성은 과도한 지방산이 β세포에 미치는 유사한 효과이지만, 그 손상은 포도당만큼 확실하게 나타나지는 않는다. 고양이의 다른 특정 유형의 당뇨병(2형 당뇨병이라고 지칭함)이 사례의 약 20%를 차지한다. 원인으로는 췌장염, 코르티솔 과다증, 신체 자극 과다증(말단 비대증), 당뇨병 유발 호르몬(프로게스틴, 글루코코르티코이드)에 대한 노출 등이 있다. 췌장 병변은 종종 초음파촬영이나 조직병리학에 의해 확인되지만 경미한 경우가 많으므로 당뇨병의 초기 원인은 아닐 가능성이 높다. 일부 고양이에서 당뇨병성 케톤산증을 유발하는 요인이 될 수 있는 심각한 췌장염을 앓고 있으며 일반적으로 당뇨병과 췌장염 중 어느 것이 원인이고 어느 것이 결과인지 판단하는 것은 어렵다. 글루코코르티코이드와 성장 호르몬은 당뇨병을 유발하는 강력한 작용을 하며, 코르티솔 과다증이 있는 고양이의 약 80%가 당뇨병을 앓고 있다.

■ 임상 증상

당뇨병은 중년에서 노령의 고양이에게 가장 자주 발생하며, 95% 이상이 5세 이상이다. 성별에 대한 선호도가 매우 강하며, 약 70%가 수컷이다. 당뇨병이 있는 고양이의 약 60%는 과체중이고 35%는 정상 체중이고, 5%는 저체중이다. 대부분의 당뇨병 고양이는 당뇨병의 전형적인 증상인 다뇨증, 다음증, 다식증 및 체중 감소를 나타낸다. 약 10%는 뒷다리 약화, 점프 능력 감소, 족저행 자세와 같은 당뇨병성 신경병증의 명백한 징후를 나타낸다. 무기력함과 건조하고 헝클어진 털이 일반적이다. 신체검사를 통해 말초 신경병증과 일치하는 간비대 및 신경학적 이상이 나타나는 경우가 많다. 당뇨병에 이환된 고양이는 거의 모든 고양이에서 당뇨병이 없는 고양이보다 수정체 혼탁이 더 심한 것으로 나타난다. 당뇨병에 걸린 개에 비해 증상이 훨씬 덜 심해 안과검사로만 발견된다. 췌장염, 코르티솔 과다증 또는 신체 자극 과다증과 같은 질병을 동시에 앓고 있는 고양이의 경우 다른 증상과 징후가 더 두드러질 수 있다. 케톤산증이나 고삼투압성 비케톤성 증후군이 복합된 당뇨병 환자는 일반적으로 무기력, 거식증, 수분 섭취 감소, 구토 증상을 보인다.

■ 진단 및 검사

개와 고양이의 진단과 정밀검사는 일반적으로 유사하지만 몇 가지 차이점을 언급해야 한다. 첫째, 신장 역치는 개보다 고양이에서 더 높기 때문에 혈당이 더 높은 수준에 도달할 때까지 당뇨병이 발생하지 않는다. 둘째, 고양이는 당뇨병과 구별하기 어려울 수 있는 스트레스로 인한 고혈당증에 걸리기 쉽다. 반복적인 혈당 측정도 정상 수치를 나타내는 경우 스트레스성 고혈당증이 인식될 수 있지만, 일부 고양이는 병원에 입원하는 동안 스트레스성 고혈당증을 관찰할 수 있다. 이는 당뇨병 고양이의 경우 400μmol/l 이상이고 1500μmol/l까지 높을 수 있지만 스트레스성 고혈당증이 있는 고양이에서는 증가하지 않는 프록토사민을 측정하여 해결할 수 있다. 프록토사민 농도는 당뇨병이 매우 최근에 발병한 경우와 갑상선 기능항진증 또는 저단백혈증이 동시 발생한 경우에도 정상일 수 있다. 개에서와 마찬가지로 추가 정밀검사를 통해 당뇨병의 중증도와 동시 질병 또는 기타 기여 요인의 존재 여부를 명확히 해야 한다. 정기적인 혈액학, 혈장 또는 혈청 생화학, 요검사, 요배양검사를 실시해야 하며, 필요한 경우 방사선 촬영과 초음파검사도 실시해야 한다. 정기적인 프록토사민 측정은 개별 당뇨병 환자의 혈당 조절 추세를 보여주는 데 유용하다. 참조 범위와 지침은 의뢰하는 실험실마다 다르므로 샘플을 결과를 비교할 때 일관성을 유지하는 것이 중요하다.

높은 프록토사민 농도는 이전 1~2주 동안 혈당 조절이 좋지 않음을 의미하며, 낮거나 정상인 프록토사민 농도는 저혈당 기간을 나타낼 수 있다.

Chapter

04

요검사

Chapter 04

요검사

학습목표

- 비뇨기계의 해부학과 생리학적 특징을 설명할 수 있다.
- 요검사용 소변의 채취 방법과 취급 방법을 설명할 수 있다.
- 소변의 물리적 특성을 검사할 수 있다.
- 소변의 화학적 특성을 검사할 수 있다.
- 요침사 검사를 위해 소변을 준비할 수 있다.
- 요침사 검사를 실시할 수 있다.
- 요침사 검사에서 발견되는 세포, 결정, 원주, 세균, 기생충을 구별할 수 있다.

요검사는 환자의 현재 건강상태를 가늠해볼 수 있는 중요한 검사 방법으로 소변의 물리/화학적 검사뿐만 아니라 현미경 검사를 통해 철저히 검사해야 한다. 특히 요침사 검사에서는 검사자의 숙련도와 경험에 따라 검사 결과가 매우 다양하게 나올 수 있다. 만약 예상하지 못하거나 이상한 결과가 나오면, 다른 검사자가 다시 검사를 수행할 필요가 있다.

I 비뇨기의 해부학적 구조와 생리학적 기능

비뇨기는 2개의 신장(Kidney)과 각각의 신장에서 방광으로 이어져 있는 2개의 요관(Ureter), 2개의 요관이 모이는 방광(Urinary bladder), 방광에서 외부로 소변을 배출시키는 통로인 요도(Urethra)로 이루어진다. 두 신장은 후복강(Retroperitoneum)에 존재하는데, 오른쪽 신장은 간(Liver)과 인접해 있고, 왼쪽 신장은 우측에 비해 약간 뒤쪽에 위치하고 위와 인접해 있다. 요관은 각 신장의 신문(Renal hilus)에서 나와 복강의 등쪽 부분을 지나 방광과 연결된다.

신장의 최소 기능 단위는 네프론(Nephrone)으로 동물의 종(Specices)에 따라 수

십만개의 네프론을 가지고 있으며, 이 튜브 구조의 네프론에서 소변이 만들어진다. 혈액이 사구체(Glomerulus)로 들어가면, 혈장 성분 일부와 노폐물이 보우만 캡슐(Bowman's capsule) 쪽으로 여과되어 근위세뇨관(Proximal convoluted tubule)으로 이동한다. 이때 혈관 안의 세포들과 크기가 큰 단백질은 정상적으로 빠져나가지 못한다. 여과되어 근위세뇨관으로 이동한 물질은 헨리 루프(Loop of Henle), 원위세뇨관(Distal convoluted tubule), 집합관(Collecting tubule)을 지나면서 삼투(Osmosis), 확산(Diffusion), 재흡수(Reabsorption), 분비(Secretion) 과정을 거치면서 농축되어 소변이 만들어진다. 이러한 소변은 신우(Renal pelvis)로 모이게 되고 요관을 통해 신장을 빠져나간다. 비뇨기는 소변을 통해 체내의 무기질 이온과 질소노폐물과 같은 대사산물, 다양한 독소 성분을 배설시키고 체내 수분량과 전해질을 일정하게 유지하는 항상성(Homeostasis) 작용을 한다. 또한 골수에서 적혈구 생산을 자극하는 에리스로포이에틴(Erythropoietin)이라는 호르몬을 생산하는 내분비샘 역할도 한다.

그림 4-1 암컷 개의 비뇨기 위치

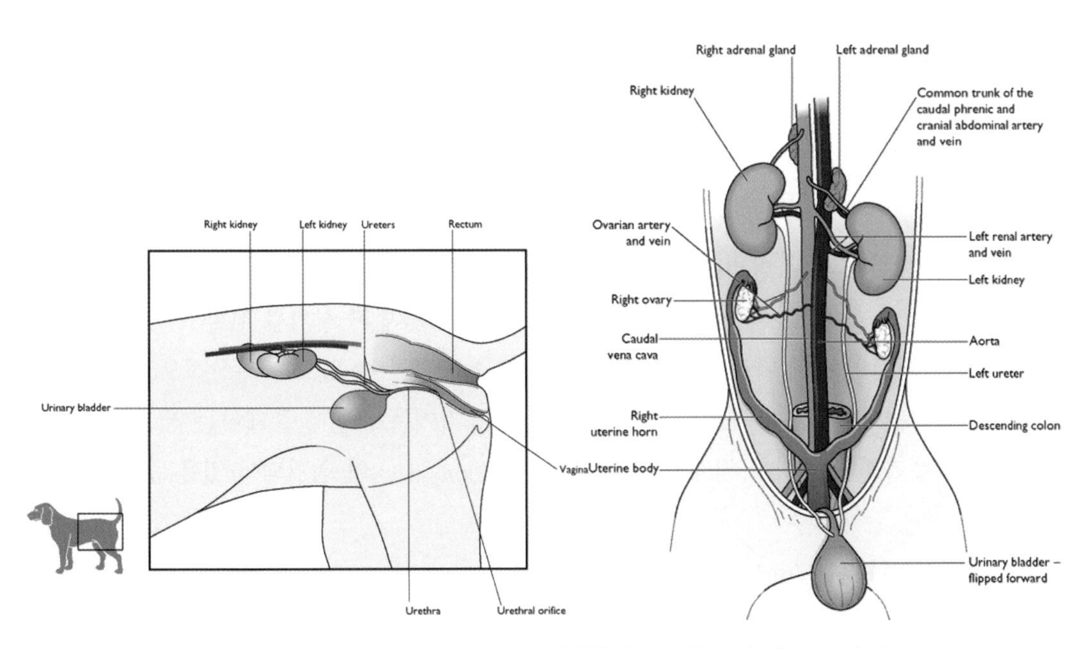

*출처: https://veteriankey.com/urinary-system/

그림 4-2 신장과 네프론(nephron)의 구조

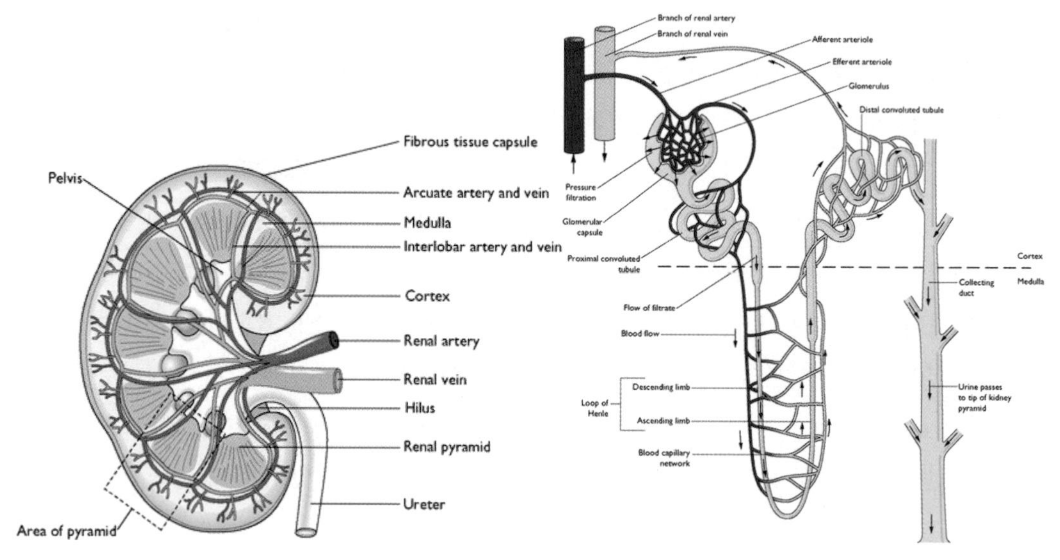

*출처: https://veteriankey.com/urinary-system/

II 소변의 채취 및 취급

소변 채취와 취급 방법은 요검사 결과에 지대한 영향을 미치는 큰 변수 중 하나이다. 검사의 목적 및 환자의 상황에 따라 시료 채취 방법과 시기를 정할 수 있다.

소변 채취 방법에 따라 다양한 용기에 소변을 저장할 수 있으나 이상적으로 멸균 용기에 보관해야 한다. 세균 배양을 위한 멸균 용기에는 소변에 존재하는 세균을 보존하고 추가적인 증식을 억제하기 위해서 붕산(Boric acid)이 첨가되어 있을 수 있다.

1 자연 배뇨(Voiding)

자연 배뇨하는 소변을 채취하는 방법은 가장 덜 침습적이고 집에서 채취할 수 있지만, 시료가 오염될 경우가 많다. 오염이 최소화되도록 주의하여도 배양검사나 항생제 감수성검사에는 적합하지 않다. 이미 바닥과 접촉한 소변에는 수많은 세균과 입자, 화학물질들이 포함되어 있을 수 있기 때문에 검사에 사용하지 않는다.

[자연 배뇨 시 오염을 최소화하는 요령]

- 소변을 채취하기 전에 외부생식기(질 또는 포피)를 청결히 해준다.
- 가급적이면 멸균 용기에 소변을 받는다.
- 소변의 처음 부분은 세균과 찌꺼기가 많이 포함되어 있기 때문에 중간 부분부터 채취한다.
- 소변 채취 시 용기에 긴 막대기를 연결하면 거리가 있어도 채취가 가능하다.

[고양이 자연 배뇨 시 소변 채취 요령]

- 고양이 화장실을 깨끗이 청소하고 깨끗한 비닐을 씌운다.
- 비흡수성 고양이 화장실 모래(응고형 모래에 배뇨하면 소변을 모을 수 없다.)를 이용한다.
- 소변을 본 후 즉시 검사 용기에 담는다.

[압박 배뇨를 이용한 자연 배뇨]

- 방광이 어느 정도 팽창되었을 경우에 시도한다.
- 지나치게 힘을 가하면 방광에 손상을 주어 혈뇨가 나타나거나 방광파열이 발생할 수 있다.
- 결석 등으로 인해 요도 폐쇄가 의심되면 실시하지 않는다.

2 카테터 이용(Catheterization)

자연 배뇨 시 채취하는 방법보다 조금 더 침습적인 방법이고, 기술이 필요하다. 환자의 비뇨기로 세균이 유입될 우려가 있기 때문에 멸균적으로 시행해야 한다. 고양이나 암컷 개의 경우, 진정 후에 실시한다.

- 환자의 성별과 종(Species)에 맞게 적합한 채취 방법을 따라 한다.
- 멸균 기구를 이용한다.
- 채취 전 외부 생식기를 소독한다.
- 채취한 시료의 처음 부분에는 진단에 도움이 되지 않는 세균, 세포, 찌꺼기들이 포함되어 있으므로 이 부분은 버린다.
- 카테터 장착 시 사용한 윤활제(Lubricant)에 의해 소변이 오염될 수 있다.

그림 4-3 소변 채취 시 사용하는 폴리(Foley) 카테터(좌), 러버(rubber) 카테터(우)

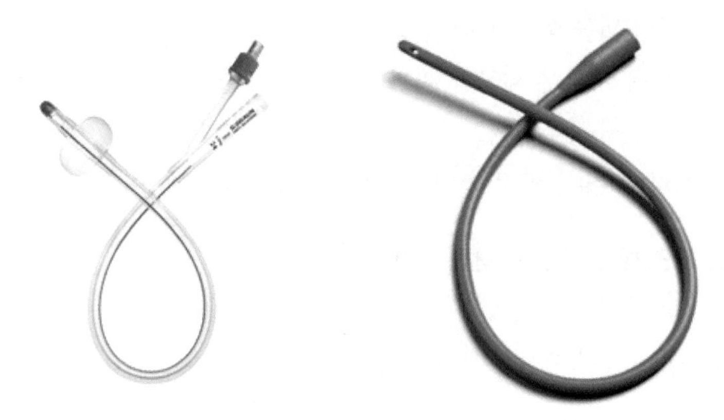

*출처: https://reflexmedical.co.uk

3 방광천자(Cystocentesis)

소변의 세균 배양을 위해 가장 적절한 채취 방법이다. 복강 뒤쪽을 촉진하거나 초음파를 이용하여 방광의 정확한 위치를 확인한다.

- 적절한 채취 순서를 따른다.
- 멸균 기구를 이용한다.
- 방광천자시 부작용으로 경미한 혈뇨(Hematuria)가 나타나는 경우가 흔하다.

4 소변 채취 시기

요검사의 목적에 따라 소변채취 시기가 중요할 수 있다. 아침 첫 소변은 방광에 비교적 오래 저장되어 있는 것이고 또한 가장 농축되어 있다. 방광에 오래 저장되면 일부 세포나 원주(Cast) 성분은 변성을 일으키고, 결정(Crystal)이 형성될 수 있다. 식후의 소변 시료는 그 전 식이를 반영할 수 있으며, 식이에 대한 영향을 배제하려면 절식 후 소변을 채취하는 것이 좋다.

5 소변의 보존

소변은 채취 후 30분 이내에 검사하는 것이 좋다. 검사가 지체되면 체외에서 소변은 다양한 변성을 일으킨다.

표 4-1　보존제가 첨가되지 않은 소변의 체외 변화

성분	변화
세균	세균 증식으로 수가 증가
빌리루빈	빛에 노출되면 감소함.
색	어둡게 변함.
결정	결정의 종류와 소변의 pH에 따라 변함.
적혈구	저장뇨에서 용혈이 발생할 수 있음.
포도당	세포와 세균이 포도당을 분해하여 감소
케톤	아세톤은 휘발성이어서 감소
냄새	세균이 존재하면 암모니아 생성으로 더 강해짐.
탁도	세균과 결정이 있는 경우 더 증가
pH	요소분해세균이 존재하면 보통 더 알칼리화 됨.

■ 냉장

즉시 검사할 수 없다면 2~12시간까지는 냉장 보관 할 수 있다. 세균 증식을 억제할 수 있지만, 소변의 변성은 발생할 수 있다. 차가운 소변에서는 요비중이 증가하고, 비정형 결정이 나타난다. 또한 화학적 분석에서 효소의 반응이 감소할 수 있다.

■ 냉동

냉동 처리는 소변을 보존하는 방법 중 하나이지만, 세포학적 검사에는 적절하지 않고, 화학적 검사에는 사용할 수 있다.

■ 화학적 보존

소변을 보존하기 위해 화학물질을 첨가할 수 있다. 대표적인 것으로 산화제(Acidifier), 포름알데히드(Formaldehyde), 톨루엔(Toluene), 붕산(Boric acid) 등이 있으며, 요검사 전 첨가제의 종류를 확인하여야 한다.

소변의 물리적 검사

1 양(Volume)

소변량을 정확히 평가하려면 24시간 채취한 소변이 필요하다. 환자는 일상적인 생활을 평소와 같이(식사, 음수, 내복약, 영양제 등) 하는 것이 중요하다. 날씨나 기온에 따라 음수량이 변하면 소변량도 변할 수 있다. 개와 고양이의 정상 소변량은 20~40ml/kg/day이다.

2 색(Color)

대부분의 종(Species)에서 소변색은 노란색이다. 소변에 포함된 색소와 그 농도에 따라 색이 달라지며 이는 요비중을 통해 확인한다. 요비중이 낮으면 비교적 옅은 색을 띠고, 요비중이 높으면 진한 소변색을 띤다.

표 4-2 소변 색과 의미

색	의미
무색 또는 매우 옅은 색	희석뇨
진한 노란색	농축뇨, 빌리루빈뇨
빨간색 또는 붉은 갈색	혈뇨, 헤모글로빈뇨
갈색	근색소뇨
유백색	농뇨

3 냄새(Odor)

소변 냄새는 특정 상황에 대한 의심을 하게 할 수는 있으며, 나중에 화학적 검사나 요침사 검사를 통해 확인해야 한다. 종과 성별에 따라 다양하다.

표 4-3 소변 냄새와 의미

냄새	의미
암모니아	요소분해세균에 의한 방광염
과일 향	케톤뇨
부패 냄새	단백질 변성
강한 냄새	요농축, 중성화수술을 하지 않은 고양이

4 탁도(Turbidity)

소변의 혼탁한 정도를 의미하며 소변에 세포, 결정, 미생물, 점액 성분이 많이 존재할수록 탁도는 증가한다. 실온에서 신선한 시료로 탁도를 평가하고, 검사 전 용기를 뒤집어서 잘 섞는다. 말이나 토끼는 정상적으로 점액과 칼슘을 소변으로 배출하기 때문에 탁한 색을 보인다.

[탁도 검사]

1) 투명한 표준용기에 소변을 넣고 6~7회 위아래로 뒤집어서 소변이 잘 섞이게 한다.
2) 종이 위에 적힌 글자 앞에 용기를 위치시킨다.
3) 소변을 통해서 글자가 얼마나 명확하게 보이는지 평가한다.
   – 명확(0), 약간 혼탁(1), 혼탁(2), 매우 혼탁(3)

그림 4-4 소변 탁도 검사 평가

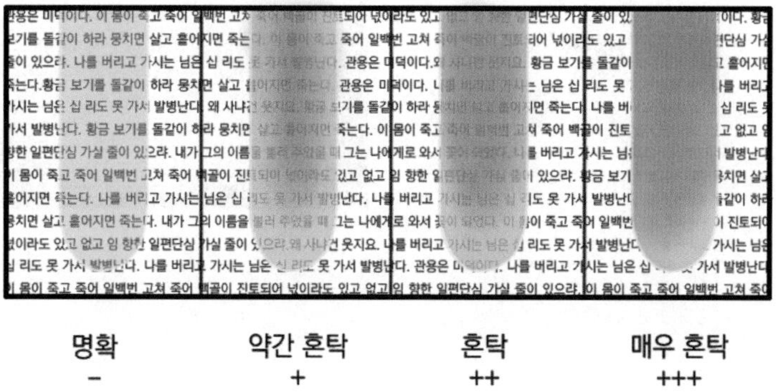

명확 –　　약간 혼탁 +　　혼탁 ++　　매우 혼탁 +++

5 요비중(Specific gravity)

요비중(Urine Specific Gravity, USG)은 증류수의 밀도와 비교해서 소변의 밀도를 측정하는 것이다. 비중은 굴절계(Refractometer), 요비중계(Urinometer), 시험지, 삼투압 등을 이용하여 측정하는데, 시험지는 정확하지 않아서 사용하지 않는다. 보통 굴절계를 사용하며, 동물용으로 보정되어 있는 것을 이용한다.

표 4-4 개와 고양이의 요비중

종	요비중 범위	적정 요농축	저장뇨	등장뇨
개	1.001-1.065	>1.030	<1.008	1.008-1.012
고양이	1.001-1.080	>1.040	<1.008	1.008-1.012

[굴절계 보정]

굴절계 보정은 매일 또는 주단위로 실시한다. 실온에서 한 방울의 증류수를 굴절계에 떨어뜨리고 눈금을 읽어 1.000을 가리키는지 확인한다(그림4-5). 만약 1.000이 아니라면, 굴절계 설명서에 따라 영점 조정 나사를 돌려 1.000으로 맞춘다.

그림 4-5 요비중 측정을 위한 굴절계와 영점 조정된 눈금

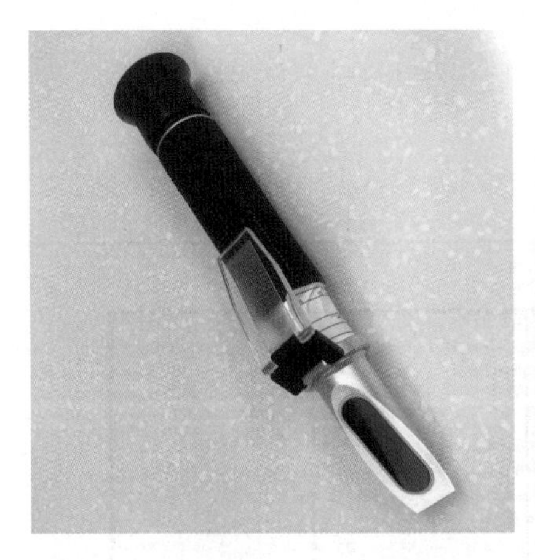

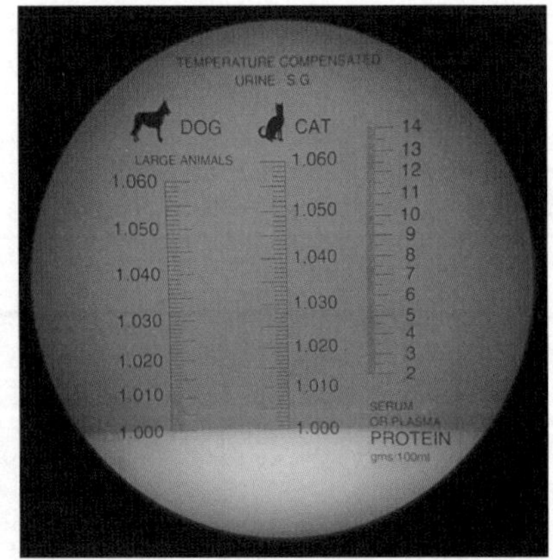

소변의 화학적 검사

소변에 포함된 화학 성분검사는 시중에 시판되고 있는 요스틱 검사지를 이용한다(그림4-6). 요스틱 검사지에는 다양한 성분을 측정할 수 있도록 테스트 패드가 분리되어 부착되어 있다. 하지만 대부분의 요화학 분석용 요스틱은 사람용으로 개발되었기 때문에, 수의 영역에서 사용하기에 정확도와 유용성이 떨어진다. 정확한 해석 요령은 [표 4-5]를 참조한다. 요스틱 검사지를 사용할 경우, 각 테스트 패드를 소변으로 충분히 적셔야 하고, 소변이 남아 있지 않도록 톡톡 쳐서 제거한다. 일정 시간 경과 후(1분), 테스트 패드의 색을 레퍼런스 조색표(요스틱 검사지 표면에 있음)와 비교하여 결과를 기록한다. 구체적인 방법은 제조사의 매뉴얼을 참고한다.

그림 4-6 요스틱 검사지와 검사항목

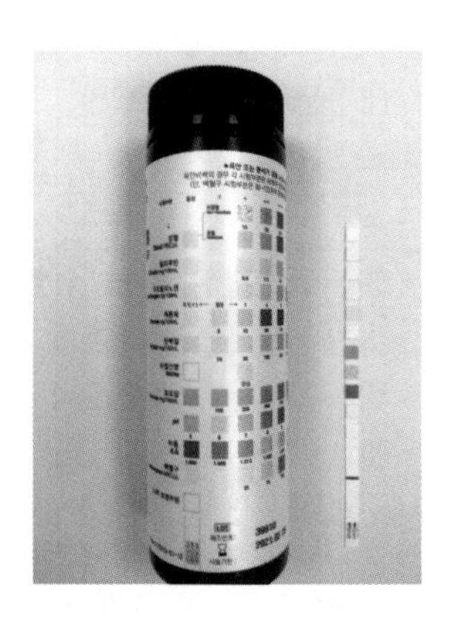

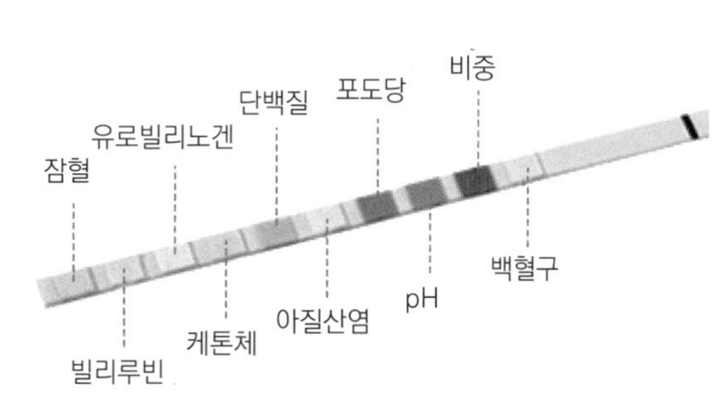

표 4-5 요스틱 검사의 해석

성분	해석	오류
포도당(glucose): 혈중 포도당이 신역치를 초과하였을 경우 검출됨	• 병리학적 요당: 당뇨병, 부신피질 기능항진증, 갑상샘기능항진증 • 생리학적 요당: 공포, 스트레스(고양이)	• 위양성: 산화제(과산화수소, 염소표백제) 노출 • 위음성: 포르말린, 상온으로 가온되지 않은 차가운 소변
• 케톤(ketone) : 아세톤(acetone, 약한 반응) : 아세토아세트산(acetoacetic acid, 민감하게 반응) : 베타하이드록시부티르산(beta-hydroxybutyric acid, 검출 안 됨)을 의미	• 조절되지 않은 당뇨병 • 기아(starvation) • 저탄수화물, 고지방, 고단백 식단	• 위양성: 색소가 있는 소변, 고농축뇨, 산성뇨 • 위음성: 오래된 소변, 세균뇨
• 혈액(blood) : 혈뇨-소변에 RBC 존재 : 혈색소뇨-소변에 헤모글로빈 존재 : 근색소뇨-손상된 근육에서 유리된 단백질	• 혈뇨(hematuria) : 비뇨기 출혈 • 혈색소뇨(hemoglobinuria) : 혈관 내 용혈(hemolysis) : 희석뇨 또는 심한 알칼리뇨에서는 적혈구 용혈이 발생 • 근색소뇨(myoglobinuria) : 심한 골격근 손상	• 위양성: 산화제(과산화수소, 염소표백제) 노출, 혈액 오염 • 위음성: 균일하게 섞이지 않은 소변, 높은 요비중, 포르말린
pH	• 식이: 초식동물 보통 >7, 육식동물, 간호를 받는 초식동물 <7 • 알칼리뇨: 비뇨기감염증, 소변 정체, 약물, 알칼리증 • 산성뇨: 기아, 발열, 약물, 산증	• 채취된 지 오래된 소변에는 CO_2가 감소하거나 요소분해효소를 분비하는 세균 때문에 알칼리화됨. • 인접한 단백질 테스트 패드 물질(산성)의 오염
• 단백질(protein) : 정상적으로 존재하지 않거나 매우 미량 존재, 알부민만 검출함	• 일시적 단백뇨: 스트레스, 과도한 근육운동, 발정기, 출산 직후 • 병적 단백뇨: 급성 신염, 만성신장질환, 신장 외상 • 신후성 단백뇨: 방광염, 외부생식기 염증	• 위양성: 고알칼리뇨, 소변 정체 • 위음성: 미세알부민(microalbumin), 글로불린(globulin), 벤스존스(Bence-Jones)단백질은 검출이 안 됨
• 빌리루빈(bilirubin) : 결합빌리루빈(conjugated bilirubin)만 소변에 존재	• 개에서 역치가 낮음 • 병적 원인 : 담관 폐색, 간질환, 용혈성 빈혈	• 위양성: 과색도 소변, 헤모글로빈혈증 • 위음성: 상온에 오래 방치된 소변, UV노출, 아스코빅산

유로빌리로젠(urobilinogen) : 동물에서 정확하지 않음	양성이라도 의미가 없음	• 위양성: 과색소 소변, 설폰아미드 • 위음성: UV노출, 포르말린
질산염(nitrite) : 동물에서 정확하지 않음	세균뇨 확인을 위한 간접 방법	• 위양성: 과색소 소변, 농축뇨, 고농도 아스코빅산 • 위음성: 검사 시간이 짧은 경우, 세균이 nitrate를 nitrite로 변환하지 못하는 경우
백혈구(leukocyte) : 동물에서 정확하지 않음 : 과립구에서 백혈구 에스테르분해효소활성(leukocyte esterase activity) 감지	비뇨기 감염 또는 염증과 관련해 백혈구 존재를 추정 가능	• 위양성: 고양이 소변, 오래된 소변, 분변 오염, 포름알데히드 • 위음성: 개 소변, 요당

V 요침사검사

요침사검사(Urine sediment examination)는 요검사의 세 번째 단계로서 세포, 결정, 원주와 같은 구조물들을 확인하는 것뿐만 아니라 이전에 수행했던 물리화학적 검사를 확인하는 단계이기도 하다.

그림 4-7 요침사검사의 현미경 사진

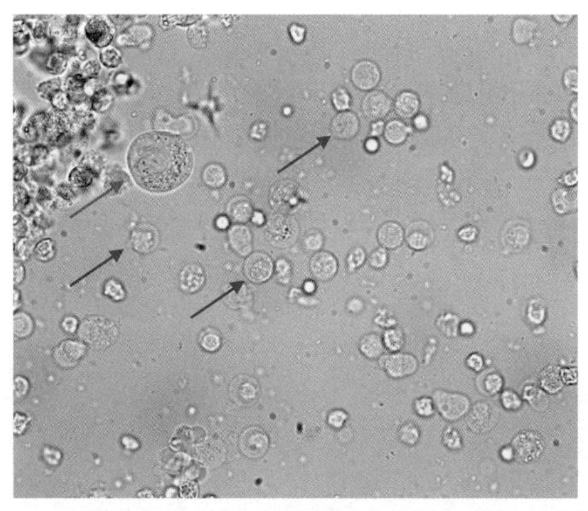

*출처: https://www.cliniciansbrief.com/article/urinalysis-interpretation

요비중에 따라 삼투압 현상 때문에 적혈구와 백혈구의 모양이 변한다. 요비중이 1.020인 소변에서는 세포들이 작아지고 변형이 나타나며, 1.010 이하의 저장뇨에서는 세포들이 부풀고 시간이 오래 경과하면 터질 수 있다.

준비물

- 원뿔형 소변 튜브
- 1회용 스포이드
- 원심분리기
- 현미경
- 슬라이드 글라스, 커버글라스
- 침사용 염색약

순서

1) 소변 5ml를 원뿔형 소변 튜브에 넣는다.
2) 원심분리기로 1500rpm 속도로 5분간 돌린다.
3) 상층액 4.5ml를 스포이드로 버린다.
4) 손가락으로 가볍게 쳐서 침사물을 재부유시킨다. 이때 피펫을 이용하면 세포가 손상될 수 있다.
5) 피펫을 이용해 작은 한 방울을 슬라이드글라스에 떨어뜨리고 커버글라스를 덮는다.
   이때 침사물을 염색하려면 별도의 튜브에서 침사물과 염색약을 혼합하여 사용한다.
6) 현미경 빛의 강도를 낮추고, 콘덴서를 낮추어 대비도를 높인다.
7) 저배율(x10, lower power field, LPF)과 고배율(x40, high power field, HPF)에서 최소 한 10개 시야를 관찰하여 평균을 기록한다. 저배율에서는 상대적으로 크기가 큰 원주(cast)와 결정(crystal)을 관찰하고, 고배율에서는 크기가 작은 세포 성분, 감염체, 작은 결정을 확인한다.

주의

요침사용 염색을 사용하는 경우, 소변과 염색약의 혼합은 별도의 튜브에서 실시하고, 염색하지 않은 소변은 일부 남겨둔다. 요침사용 염색약을 사용하면 침전물 관찰이 용이하지만, 염색약 자체의 오염이 쉽게 발생하기 때문에 침전물 평가시 유의하여야 한다. 따라서 항상 염색하지 않은 침전물과 함께 관찰한다.

VI 요도말검사

필요에 따라 혈액도말검사와 유사하게 소변을 슬라이드 글라스에 도말하여 염색한 후 관찰할 수 있다. 이 방법을 통해 세포의 종류와 세균의 존재를 더 쉽게 관찰할 수 있다. 하지만 소변에 단백질 양이 부족하여 소변에 존재하던 세포 성분들이 염색 과정 중에 쉽게 유실된다. 이를 예방하기 위해 소변을 도말한 후 드라이기를 통해 완벽하게 건조시키거나 혈청이 미리 코팅되어있는 슬라이드를 사용하면, 세포 성분들을 슬라이드 글라스에 부착시키는 데 도움이 된다.

① 요침사검사 후 남은 농축된 샘플 한 방울을 슬라이드에 글라스에 떨어뜨리고 혈액도말하듯이 도말표본을 만든다.
② 드라이기(낮은 온도)로 완전히 건조시킨다.
③ 딥퀵(Diff－Quik)과 같은 로마노스키(Romanowski) 타입 염색약으로 염색한다.
④ 자연건조 시키고 고배율(x40 또는 x100)에서 관찰한다.

VII 요침사에서 발견되는 세포, 결정, 원주, 세균, 기생충

1 적혈구

HPF에서 5개 미만을 정상 수준으로 간주한다. 요비중과 소변이 얼마나 오래되었는지에 따라 삼투압 현상에 의해 적혈구 모양이 변할 수 있다. 또한 소변 채취 방법(자연배뇨, 카테터 이용, 방광천자)에 따라 혈액 오염 여부가 달라질 수 있다. 적혈구는 핵이 없기 때문에 소변에 존재하는 지방구(Fat droplet)와 간혹 존재하는 효모균(Yeast)을 혼동할 수 있기 때문에 유의해야 한다. 지방구는 크기가 비교적 다양한 편이고, 물보다 비중이 낮아 위쪽으로 뜨기 때문에 일반적인 세포를 보기 위해 세팅된 초점에서는 관찰되지 않는다. 효모균은 형태가 타원형이고 출아(Budding)하는 형태가 관찰되기도 한다. 적혈구 관찰을 통해 혈뇨(Hematuria)와 혈색소뇨(Hemoglobinuria), 근색소뇨(Myoglobinuria)를 감별할 수 있다.

표 4-6 혈뇨와 혈색소뇨, 근색소뇨의 감별

상태	소변 색	상층액 색	요스틱검사	현미경검사	혈장
혈뇨	핑크, 적색, 갈색	투명	양성	적혈구	정상
혈색소뇨	핑크, 적색, 갈색	변화 없음	양성	관찰 안됨	용혈
근색소뇨	적색, 갈색	변화 없음	양성	관찰 안됨	정상

2 백혈구

HPF에서 5개 미만을 정상 수준으로 간주한다. 대부분의 백혈구는 호중구이며 다른 백혈구와의 구별은 큰 의미 없지만, 세뇨관 상피세포와 감별이 필요하다. 세뇨관 상피세포는 호중구의 분엽화되어 있는 핵에 비해 둥근 핵을 가지고 있다. 백혈구가 관찰되면 세균의 유무도 함께 확인한다.

3 상피세포

소변에는 신세뇨관상피세포(Renal tubular epithelial cell), 이행상피세포(Transitional epithelial cell), 편평상피세포(Squamous epithelial cell), 세 종류의 상피세포가 나타날 수 있다.

■ 신세뇨관상피세포

신세뇨관에서 유래하며, 원형의 모양 안에 편측성 원형핵을 가진다. 상피세포 중 가장 작으며 백혈구와 혼동될 수 있다.

■ 이행상피세포

방광, 요관, 신우, 근위 요도에서 유래하며, 둥글거나 꼬리를 가지고 있거나 서양배(pear) 모양을 가진다. 편평상피세포보다 작지만 신세뇨관상피세포보다 크다.

■ 편평상피세포

요도, 포피, 질, 외음부에서 유래하며, 부분적으로 또는 전체적으로 경계 부위에 모서리가 있다. 납작하고 불규칙한 모양을 가지고 간혹 접혀 있는 경우도 있다.

그림 4-8 요침사에서 관찰되는 세포

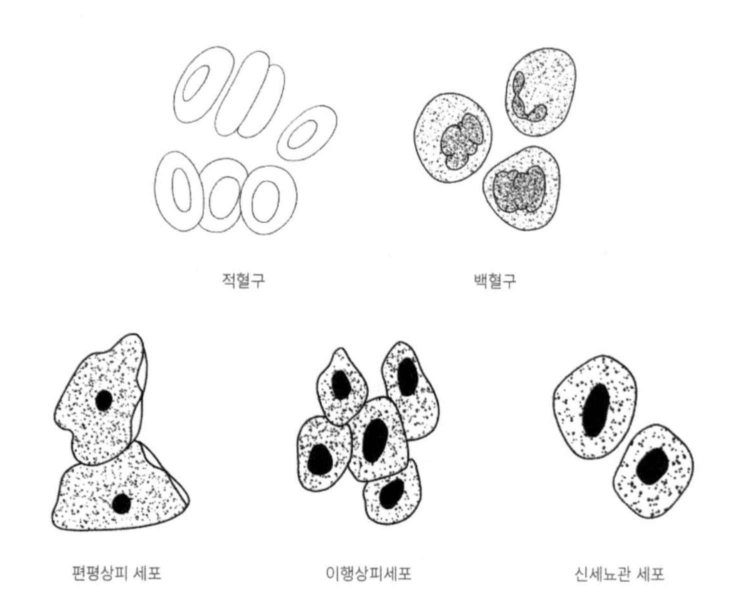

4 결정

다양한 종류의 결정이 요침사에서 관찰되는데 이는 소변에 다양한 용질(Solute)이 침전되어 발생한다. 결정이 관찰되는 소변을 결정뇨(Crystalluria)라고 하며, 일부 결정은 임상적 의미가 있지만, 일부 결정은 그렇지 않다. 소변이 많이 농축되거나 오래 정체되면 결정이 형성될 가능성이 높아진다.

■ 스트루바이트(Struvite)

관 뚜껑 모양이며 무색의 프리즘 모양으로 주로 알칼리뇨에서 관찰된다. 요소분해효소를 만드는 세균(Urease producing bacteria)에 감염된 경우에 잘 발생하고, 저배율에서 잘 관찰된다.

■ 무정형 인산염/요산염(Amorphous phosphate/urate)

인산염은 알칼리뇨에서 무색 침천물처럼 보이고, 요산염은 산성뇨에서 갈색 빛을 띤다. 고배율에서 관찰한다.

■ 요산 암모늄(Ammonium urate)

둥글고 갈색빛을 띄며 뾰족한 침 같은 구조가 있어, 산사나무 열매(Thorn apple) 모양처럼 보이기도 한다. 간질환이나 간문맥단락(PSS)이 있는 환자에서 관찰되고 저배율에서 관찰된다.

■ 탄산 칼슘(Calcium carbonate)

토끼나 말에서 자주 관찰되고, 무색 또는 약간 노란색의 원형 또는 덤벨(Dumbbell)모양으로 중심으로부터 방사형 무늬가 관찰된다. 저배율에서 쉽게 관찰된다.

■ 이수화 수산 칼슘(Calcium oxalate dihydrate)

작고 무색의 편지봉투 모양으로 중심부에 특징적인 X표시가 있다. 중성 또는 산성뇨에서 관찰되고, 정상인 동물에서도 관찰될 수 있다. 부동액(Ethylene glycol) 중독에서 관찰된다. 매우 작아서 고배율이 필요할 수 있다.

■ 일수화 수산 칼슘(Calcium oxalate monohydrate)

무색의 실타래(Spindle), 또는 피켓 펜스(Picket fence) 조각 모양으로 부동액 중독, 옥살산(Oxalte)을 섭취하거나 정상인 동물에서 관찰될 수 있다. 매우 작아서 고배율이 필요할 수 있다.

■ 시스틴(Cystine)

납작한 육각형 모양으로 산성뇨에서 관찰된다.

■ 요산(Uric acid)

납작하고 마름모 모양으로 노란빛을 띤다. 달마시안에서 유전적 돌연변이에 의해 나타날 수 있다.

■ 빌리루빈(Bilirubin)

바늘처럼 가늘고 서로 붙어 있는 경우가 많고, 노란색에서 갈색을 띤다. 관찰 시

고배율이 필요하고 빌리루빈뇨증을 동반하는 경우가 많다. 개의 소변에서 자주 관찰되고 특히, 냉장 보관했던 소변에서 나타난다. 소변을 다시 가온시키면 사라진다.

그림 4-9 소변에서 관찰되는 다양한 결정

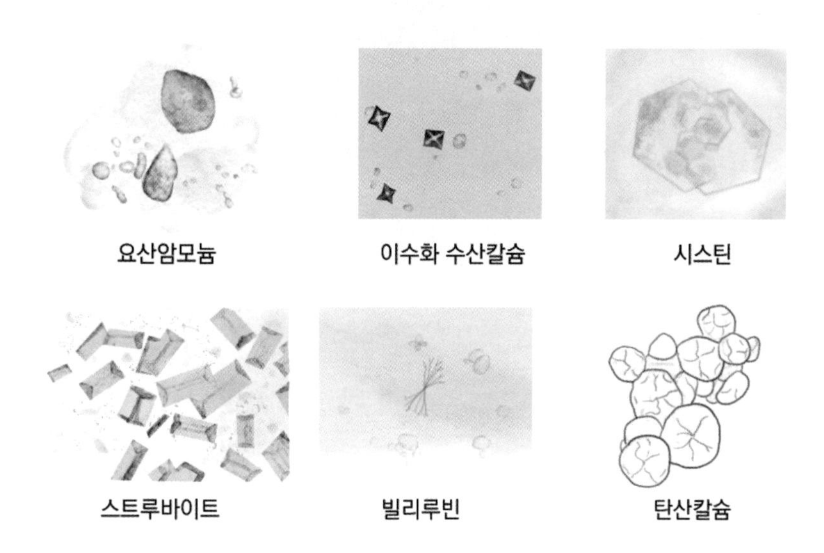

5 감염체

■ 세균

소변에 세균이 관찰되면 세균성 방광염을 의미할 수 있지만, 자연배뇨 채취의 경우 세균 오염이 흔하기 때문에 소변 채취방법을 고려해야 한다. 세균이 관찰되면 형태를 함께 기록하며, 그람염색, 세균배양, 항생제 감수성검사를 추가적으로 실시할 수 있다.

그림 4-10 소변에서 관찰되는 적혈구와 세균

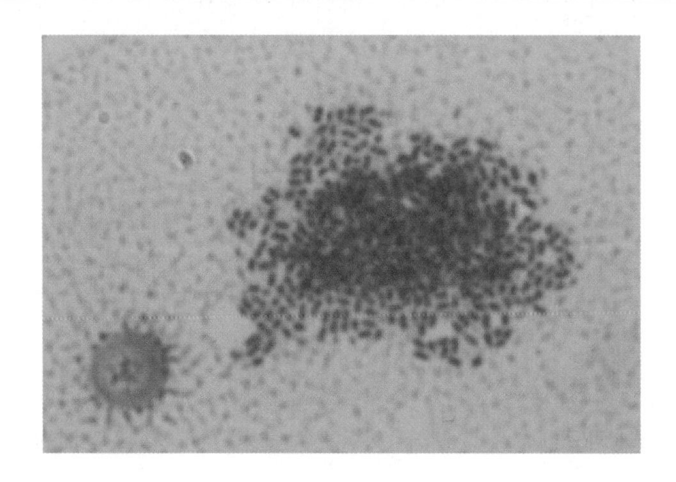

■ 곰팡이

곰팡이나 효모균이 소변에서 현미경으로 관찰될 수 있으나 감염까지 되는 경우는 드물다. 오염 가능성도 고려한다.

■ 기생충

비뇨기에 감염되는 기생충과 충란이 현미경으로 관찰되기도 한다.

6 원주

요침사에서 원주(Cast)가 관찰되는 것을 원주뇨(Cylindruria)라고 하며, 원주는 신세뇨관에서 만들어지기 때문에 관상 구조의 모양을 가진다. 원주에 포함된 성분에 따라 다양한 모양을 가진다.

■ 초자 원주(Hyaline cast)

가장 흔히 관찰되는 종류로, 점액단백질(Tamm–Horsfall mucoprotein)로 구성되어 있고, 무색이다. 단백뇨가 심할 때 자주 관찰되는 경향이 있다.

■ 상피 원주(Epithelial cast)

네프론 안의 신세뇨관상피세포가 탈락되어 원주에 포함된다. 심한 탈수 같은 급성 세뇨관 손상 시 나타날 수 있다.

■ 적혈구 원주(RBC cast)

세뇨관 출혈 시 원주에 포함되고 붉거나 오렌지 색을 띤다.

■ 백혈구 원주(WBC cast)

신우신염 같은 세뇨관 염증에 의해 원주에 포함되고, 주로 호중구이다. 변성이 되면 과립 원주로 혼동할 수 있으며, 염색을 하면 핵의 구조가 관찰된다.

■ 과립 원주(Granular cast)

미세하거나 거친 과립들이 관찰되며, 원주안의 세포들이 변성과정을 거치면서 나타난다. 무정형 물질들과 혼동할 수 있다.

■ 왁스 원주(Waxy cast)

과립원주가 더 변성과정을 거치면 나타나고, 무색 또는 노란색이다. 모서리가 불규칙하고 갈라진 틈이 관찰된다. 진행된 만성 세뇨관 손상을 의미할 수 있다.

■ 지방 원주(Fatty cast)

지방구가 원주에 포함되어 나타나고 빛에 반사되는 성향이 있다. 고양이에서는 정상적으로 소수 관찰된다.

그림 4-11 소변에서 관찰되는 다양한 형태의 원주

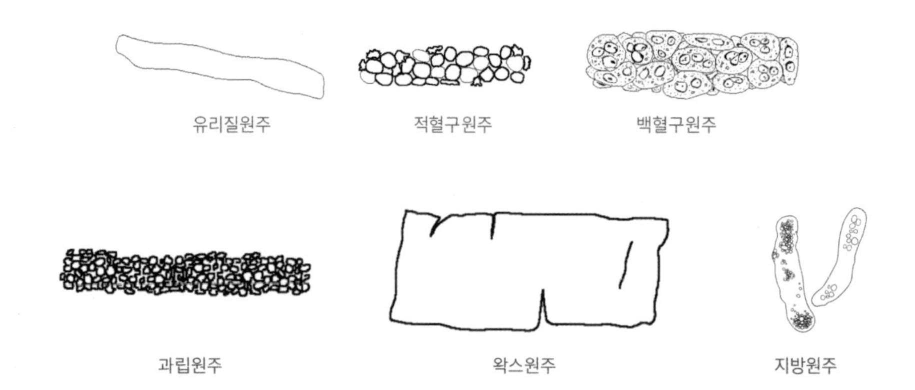

7 인공물(artifact)

소변 채취 방법에 따라 다양한 인공물들이 침사검사 시 나타날 수 있기 때문에 병적인 이상으로 간주하면 안 된다. 외부에서 채취된 소변에는 꽃가루, 털, 환경에 존재하는 효모균 등이 흔하게 관찰된다. 탈크(Talcum)가 들어있는 장갑을 착용하고 소변을 채취한 경우에는 소변에서 녹말 결정(Starch crystal)이 관찰될 수 있다.

그림 4-12 소변에서 관찰되는 섬유

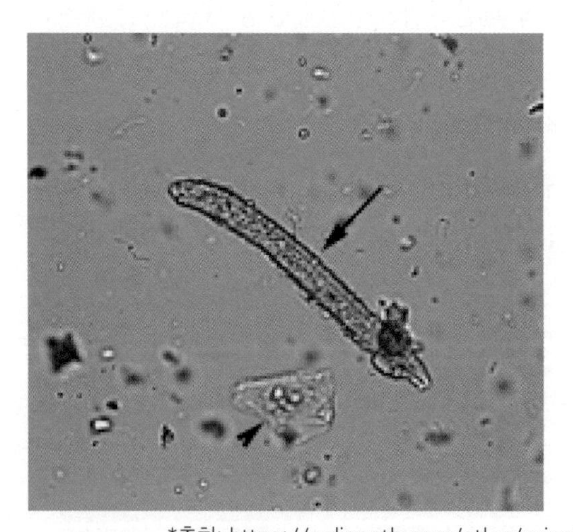

*출처: https://eclinpath.com/atlas/urinalysis/urine-artifacts/

Chapter

05

분변검사

Chapter 05

분변검사

학습목표

- 환자에서 분변 검체를 정확하게 채취할 수 있다.
- 분변도말표본을 제작하여 현미경검사를 수행할 수 있다.
- 분변부유법검사의 원리를 이해하고 수행할 수 있다.

I 기생충 분류 및 분변검사 총론

1 분변검사의 개념

분변검사란 분변 검체를 통해 육안검사, 분변 직접도말검사, 분변 부유검사 등의 방법을 통해 충란, 원충 및 세균 등에 대한 검사를 시행하는 것을 의미한다. 주로 동물환자에서 소화기 증상을 나타낼 때 질병을 진단하기 위해 실시하게 된다.

2 내부기생충의 종류

반려동물에서 감염되는 내부기생충은 크게 선충류, 흡충류, 조충류가 있다. 선충류는 회충, 구충, 편충 등, 흡충류는 간흡충, 폐흡충 등이 있으며, 조충류는 개조충, 고양이조충 등이 대표되는 기생충이다.

3 소화기 질환을 유발하는 원충류

반려동물의 소화기 증상을 유발하는 원충류는 편모충, 콕시디아가 있으며 혈액 점액성 설사, 탈수, 체중감소를 유발한다.

4 분변 검체 채취

분변 검체가 신선한 상태일 때 정확한 진단이 가능하다. 따라서 가능한 신선한 대변 검체를 채취하여야 한다. 분변루프를 사용해 직접 분변을 채취하거나 산책 시에 배변을 볼 때 이물질이 들어가지 않도록 조심해서 신선한 분변을 채취한다. 만약 신선한 검체를 사용해 검사를 바로 실시하기가 힘들다면 검체 채취 후에 검체를 보존하는 방법을 사용해야 한다. 냉장 보관을 하거나 10% 포르말린을 사용하여 보관하면 충란의 변화를 방지할 수 있다.

분변 검체는 1~2g 정도를 수집해야 하며 좋은 결과를 얻으려면 다양한 부위에서 분변을 채취하는 것이 좋다.

육안검사

1 육안 검사 방법

분변 도말검사나 부유검사를 실시하기 전에 먼저 대변을 육안으로 다음과 같은 특징을 확인하여야 한다. 그것은 분변의 딱딱한 정도(설사, 무른 변, 변비), 색깔, 혈액 또는 점액의 존재 유무, 냄새, 이물질의 존재, 기생충 성체나 촌충의 편절의 존재 여부이다. 만약 분변 색깔이 흑색을 나타낸다면 소장의 출혈, 적색변을 확인한다면 대장의 출혈이 있을 수 있다. 또한 점액이 존재한다면 장의 염증을 나타내는 것일 수 있다. 단백질의 흡수가 충분하지 않다면 부패한 냄새가 날 수 있다.

Ⅲ 분변 직접도말검사

1 분변 직접도말검사

기생충 유충과 기생충란을 확인하기 위해서 대변 검체에서 분변 직접도말검사를 통해 평가할 수 있다. 이 검사법은 장비나 재료가 많이 필요하지 않아 간단히 실시할 수 있다. 그러나 검체의 양이 적기 때문에 직접도말검사를 통해서는 기생충란이 적게 존재하는 검체에서는 숙련자가 아니라면 검출해 내기가 쉽지 않다. 또한 다른 분변 잔해들이 기생충과 혼동될 가능성도 있어서 검사가 쉽지 않다. 내부기생충 충란과 지알디아, 콕시듐과 같은 원충을 확인하기 좋은 검사이며, 분변 검체를 생리식염수로 액상으로 만든 후 현미경으로 관찰하게 된다.

수행 분변 직접도말검사

준비물

- 현미경
- 분변루프(또는 체온계), 나무 막대
- 생리식염수
- 슬라이드글라스, 커버글라스

순서

1) 분변루프를 사용해 동물에서 직접 분변을 채취하거나, 검체에서 나무 막대를 이용하여 소량의 대변을 채취한다. 직장을 통한 체온 측정과정에서 체온계에 채집된 분변을 사용해도 된다.
2) 슬라이드글라스에 생리식염수 1방울을 떨어뜨린다.
3) 나무 막대를 이용하여 소량의 대변을 식염수에 섞는다. 대변 덩어리가 남아있지 않도록 얇게 유제 상태로 만든다.
4) 커버글라스를 기포가 생기지 않게 조심해서 덮는다.
5) 슬라이드 검체를 현미경으로 검사하여 충란, 유충, 낭종 및 영양체가 있는지 확인한다.

2 분변 도말검사에서의 관찰

분변 직접도말검사나 충란집락법검사를 통해서 확인할 수 있는 것은 충란, 세균, 원충 등이 있다(그림5－1).

그림 5-1 현미경에서 관찰되는 주요 기생충 충란과 원충

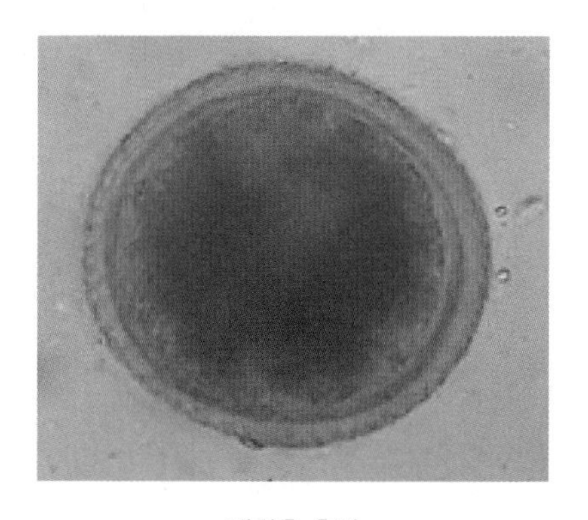

개회충 충란

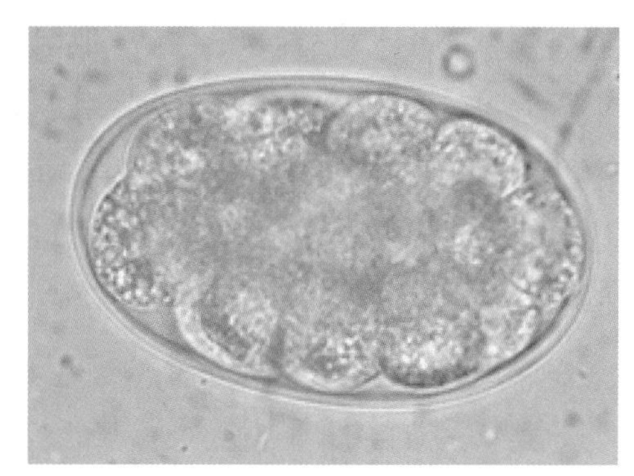

개구충 충란

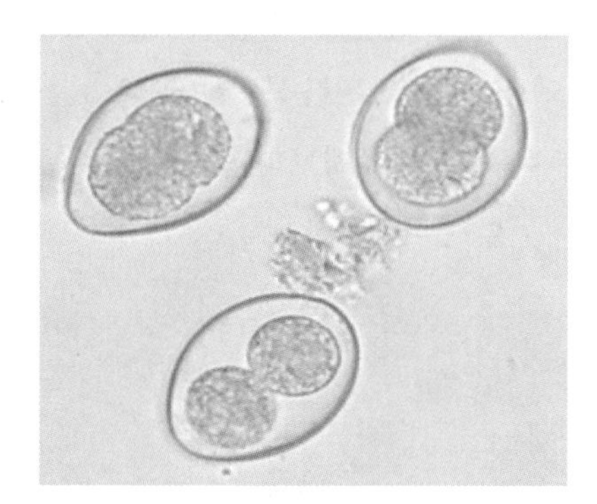

개 콕시듐 원충

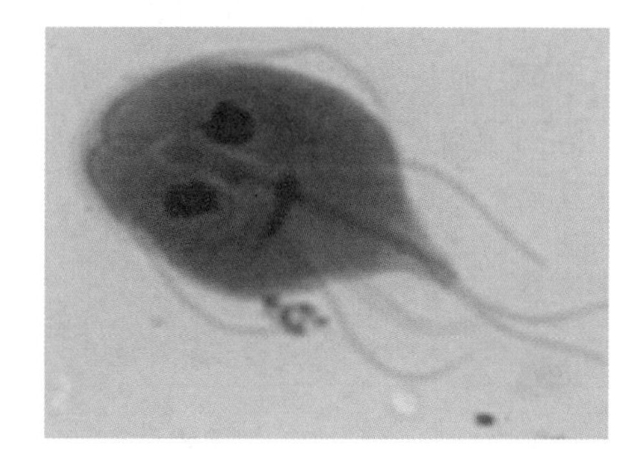

개 지알디아 원충

IV 충란집란법검사

1 단순 분변 부유검사

■ 단순 분변 부유검사의 개념

분변 부유검사는 기생충 충란의 존재 여부를 확인하기 위하여 충란과 배설물 잔해의 비중 차이를 이용하는 검사이다. 충란의 비중이 부유액보다 가벼워 충란이 부유액의 표면으로 떠오르게 하면서 다른 배설물은 바닥에 가라앉도록 한다. 표면에 뜬 충란만 수집하여 현미경으로 검사를 함으로써 분변 도말검사보다 충란의 검출이 더 쉽다.

■ 분변부유액 종류

분변부유액은 다양한 종류가 있으며 부유액마다 장단점의 특징이 있다(표 5-1).

반려동물에서 주로 문제가 되는 개회충과 개구충의 충란은 비중이 각각 1.09와 1.056인데 분변부유액의 비중은 황산아연액이 1.18, 포화식염수액이 1.19, Sheather's 포화설탕액이 1.27이라서 기생충란의 비중이 부유액보다 낮아 기생충란이 부유액에 뜨게 된다.

표 5-1 분변부유액의 종류 및 특징

종류	조성	특징
황산마그네슘액	0.35% 황산마그네슘액	부식성이며 결정을 형성한다.
Sheather's 포화설탕액	- 굵은 설탕 454g - 정제수 355mL - 정제수 100mL 당 40% 포름알데히드 6mL(보존제)	검사 과정이 어렵다. 선충류 충란을 변형시키지 않으며 저렴하다.
포화식염액	0.35% NaCl 용액	결정을 형성한다. 부식성이며 충란의 변형이 심하다.
질산나트륨액	0.315% 질산나트륨액	결정을 형성하고 충란의 변형은 20분 이후에 일어난다.
황산아연액	0.386% 황산아연액	일부 흡충류 충란은 부유되지 않는다.

■ 단순 분변 부유검사 과정

수행 단순 분변 부유검사

준비물

- 현미경
- 부유시험관 또는 부유키트
- 분변부유액
- 슬라이드글라스, 커버글라스
- 설압자
- 검체컵
- 여과기(또는 거즈)

순서

1) 검체컵에 약 2g의 분변 검체를 넣는다.
2) 부유액 20~30mL를 추가한다.
3) 설압자를 사용하여 용액이 균질해질 때까지 혼합한다.
4) 여과기로 용액을 여과한다.
5) 여과된 용액을 부유시험관이나 부유키트 용기에 붓는다.
   이때 시험관이나 용기 위로 용액이 솟아오를 때까지 가득 채운다.
6) 시험관이나 용기의 솟아오른 표면 위에 커버글라스를 놓는다.
7) 검체를 10~20분 동안 그대로 놓아둔다(그림 5-3).
8) 커버글라스를 조심스럽게 들어 올려 슬라이드글라스 위에 기포가 들어가지 않도록
   조심스럽게 놓고 현미경으로 관찰한다.

그림 5-2 분변 부유검사

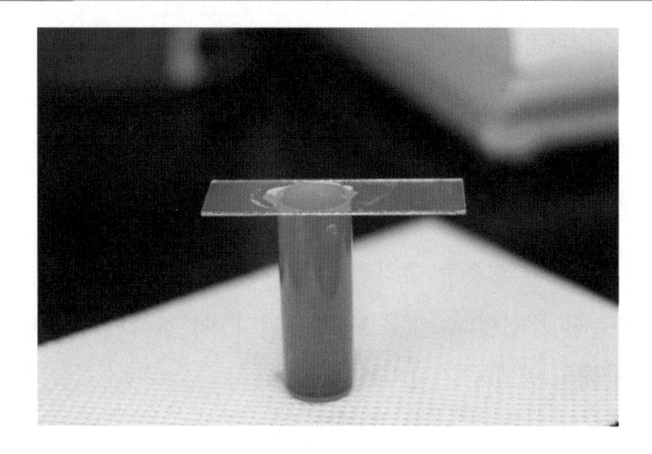

2 분변 원심부유검사

분변 원심분유검사는 단순 분변 부유검사보다 기생충 충란을 모으는 데 더 효율적이다. 이 검사법은 가변 각도 원심 분리기가 사용된다.

수행 분변 원심부유검사

준비물

- 원뿔형 원심분리 튜브
- 분변부유액
- 커버글라스, 슬라이드글라스
- 현미경
- 설압자
- 검체컵
- 여과기 또는 거즈

순서

1) 검체컵에 분변 검체 약 2g을 넣는다.
2) 부유액 20~30mL를 추가한다.
3) 설압자를 사용하여 용액이 균질해질 때까지 혼합한다.
4) 여과기 또는 거즈로 용액을 여과한다.
5) 여과된 용액을 원심분리 튜브에 붓는다.
   이때 시험관이나 용기 위로 용액이 솟아오를 때까지 가득 채운다.
6) 원심분리 튜브의 솟아오른 표면 위에 커버글라스를 조심스럽게 놓는다.
7) 1,500rpm에서 5분간 원심분리한다.
8) 커버글라스를 조심스럽게 들어 올려 슬라이드글라스 위에 기포가 들어가지 않도록 조심스럽게 놓고 현미경으로 관찰한다.

3 분변 침전검사

분변 침전검사는 흡충류 충란처럼 충란이 크고 무거워 부유검사를 사용하여 효과적으로 충란을 채집할 수 없을 때 사용된다. 이 검사의 한 가지 단점은 검사 중에 분변 검체 잔해의 양이 증가한다는 것이다.

수행 분변 침전검사

준비물

- 원뿔형 원심분리 튜브
- 증류수
- 커버글라스, 슬라이드글라스
- 현미경
- 설압자
- 피펫
- 검체컵
- 여과기 또는 거즈

순서

1) 검체컵에 분변 검체 약 2g을 넣는다.
2) 증류수 20~30mL를 추가한다.
3) 설압자를 사용하여 용액이 균일해질 때까지 혼합한다.
4) 여과기 또는 거즈로 용액을 여과한다.
5) 검체를 1,500rpm에서 5분간 원심분리한다.
   원심분리기를 사용할 수 없는 경우에는 검체를 20~30분 동안 그대로 둔다.
6) 침전물을 건드리지 않게 조심해서 상층액을 따라낸다.
7) 피펫을 사용하여 소량의 침전물 상층을 슬라이드글라스에 옮긴다.
   너무 농도가 높은 경우에는 증류수로 희석한다.
8) 커버글라스를 조심해서 덮는다.
9) 침전물의 바닥층에 대해 7번째 단계를 반복한다.
10) 현미경으로 관찰한다.

Chapter

06

피부질환 및 질 도말검사

Chapter 06

피부질환 및 질 도말검사

학습목표

- 피부 검체 채취를 이해하고 검사를 보조하며 검사 과정을 수행할 수 있다.
- 외이도 미생물 확인을 위한 귀도말 검사 과정을 이해하고 수행할 수 있다.
- 암컷에서 수행하는 질도말 검사의 원리와 절차를 이해하여 표본을 제작할 수 있다.

I 피부질환검사를 위한 검체 채취 방법

1 세포학검사의 의의

피부질환의 진단을 위한 세포학검사법은 피부 및 귀의 세포 검체를 채취하여 평가하는 것을 말한다. 이는 일반적으로 기생충 질환, 세균성 질환, 진균성 질환 등을 진단하는 데 병원에서 사용할 수 있는 비교적 쉬운 검사법이다. 세포학검사는 검체의 유형이 다양하므로 채취 및 준비 방법도 다를 수 있다. 검체의 유형이나 검사법과 관계없이 목표는 진단 가치가 있는 적절한 세포를 가진 검체를 얻는 것이다.

2 검체 채취 방법

■ 면봉 채취법(Swab method)

면봉 채취법은 다른 방법으로 접근하기 어려운 부위에서 유용한 채취 방법이다. 목표는 표피 세포를 채취하여 현미경으로 검사하는 것이다. 채취 전에 면봉을 촉촉하게 하면 세포 손상을 최소화할 수 있다. 배양이 필요한 경우 무균 면봉과 적절한 배지를 사용해야 한다. 이 방법을 잘 사용할 수 있는 부위는 이도, 비강, 누공 및 질관이 있다.

만약 귀 진드기의 유무를 검사할 때는 채취한 검체에 미네랄오일 한 방울을 혼합한다.

이도에서 귀지를 검체로 사용할 때는 검체에 과도한 왁스가 포함되어 있을 수 있다. 염색을 위해서는 검체가 건조 상태로 유지되어야 하므로 검체에 약하게 열을 적용하면 검사 시간을 일부 단축할 수 있다. 단 과도한 열은 세포 구조를 손상하기에 피해야 한다. 열은 헤어드라이어나 슬라이드 아래에 열을 잠시 가하는 것이 가장 좋다. 검체를 염색할 필요가 없다면 검체에 열을 가해서는 안 된다.

수행 면봉 채취법

준비물

- 면봉(면 또는 레이온)
- 0.9% 식염수
- 현미경 슬라이드
- 미네랄 오일(선택 사항)

과정

1) 면봉을 0.9% 식염수로 적신다. 식염수와 같은 등장액을 사용하면 세포를 보존하기 쉽다.
2) 배양을 위해 검체를 사용할 경우 무균 면봉을 사용해야 한다.
3) 적절히 보정하고 면봉을 원하는 부위에 삽입하고 점막 표면 또는 누공의 안쪽을 부드럽게 굴려 표피 세포를 채취한다.
4) 채취한 세포를 현미경 슬라이드에 옮기기 위해 면봉을 슬라이드에 부드럽게 굴린다.
5) 슬라이드를 자연 건조하고 원하는 경우 염색을 시행한다.

■ 피부소파검사(Skin scarping test)

피부소파검사는 모낭충증, 개선충증과 같은 외부 기생충, 특히 피부에 굴을 파고 사는 진드기류에 대한 검체를 평가하는 데 사용된다. 진단 가능성을 높이기 위해서는 검체를 채취하는 피부가 병변이 진행되는 부분과 진행되지 않는 부분의 경계 부위를 선택하는 것이 좋다.

피부소파검사는 외부 기생충의 종류에 따라 검체를 채취하는 피부의 깊이가 다르며 표층 소파검사와 심부 소파검사가 있다. 표층 소파검사는 칼날로 피부를 피가

나지 않을 정도로 살짝 긁어서 검체를 채취하며, 피부 표층에 서식하는 개선충(옴진드기)의 진단에 이용된다. 심부 소파검사는 칼날로 피부를 피가 날 정도로 긁어서 검체를 채취하며, 피부 깊은 곳에 서식하는 모낭충의 진단에 이용된다. 피부소파검사는 편평한 피부 부위의 검체를 채취하기가 쉽다.

수행 피부소파검사

준비물

- 10번 메스 날
- 현미경, 슬라이드글라스
- 미네랄오일(선택 사항)

과정

1) 소파검사를 시행할 피부 부위는 털이 없거나 털이 있다면 클리핑을 해서 털을 제거한 곳을 선택 후 실시한다. 소파검사를 시행할 피부를 두 손가락으로 쥐어 병변부를 노출시킨다.
2) 메스 날로 피부를 긁기 전에 메스 날에 미네랄오일을 바른다.
   단, 세포학검사를 할 때는 오일을 사용하지 않는다.
3) 한 손으로 피부를 고정시켜 안정감을 준다. 피부를 늘려 주름을 제거한다.
4) 메스 날을 피부 표면에 수직으로 잡는다.
5) 칼날을 수평으로 여러 번 잡아당겨 긁어낸다. 칼날 가장자리에 검체를 수집한다.
6) 검체를 슬라이드글라스 위에 올려서 펼쳐놓는다.

■ 테이프검사(Tape strip test)

테이프검사는 투명한 접착테이프를 이용해 피부 병변부에 붙였다가 떼어 내어 슬라이드 위에 부착하고 현미경으로 관찰하는 방법이다. 이(lice)와 피부 표면에 주로 존재하는 진드기와 같은 표면 기생충을 진단하는 데 유리하다. 필요한 경우 딥퀵염색을 한후 관찰하기도 한다. 테이프압인검사라고도 한다.

수행 셀로판테이프 검사

준비물

- 투명 셀로판테이프
- 미네랄 오일
- 현미경, 슬라이드글라스

과정

1) 피부 표면에 접근하기 위해, 필요한 경우 털을 제모한다.
2) 셀로판테이프를 접착면이 병변부위로 향하게 해서 피부에 붙이고 들어올린다.
3) 슬라이드글라스에 미네랄 오일 두 방울을 놓는다.
4) 테이프의 끈적한 면이 아래로 향하게 해서 슬라이드글라스 위에 놓는다.
5) 현미경으로 관찰한다(약한 배율).

■ 슬라이드 압착검사

슬라이드 압착검사는 슬라이드글라스를 직접 병변부에 눌러서 검체를 채취하는 방법이며 주로 피부에 감염된 세균을 검사할 때 실시한다. 농포를 엄지손가락과 집게손가락으로 눌러 잡고 주삿바늘을 이용하여 터트린다. 슬라이드글라스를 농포 부위에 올려서 검체를 채취한다. 슬라이드글라스를 염색해서 현미경으로 관찰한다.

■ 털 뽑기

겸자를 이용해 피부 병변에 있는 털을 뽑아서 검체를 채취한다. 진드기, 진균 등의 피부병을 진단하기 위해 실시한다. 모낭충의 경우 모근 부위에 존재하기 때문에 모근이 포함되도록 털을 뽑아야 한다. 검체는 피부 병변이 있는 여러 곳에서 조금씩 채취한다.

■ 미세침 생검(Fine-Needle Biopsy, FNB)

미세침 생검은 결절, 피하 종괴, 림프절 등에 포함된 내용물을 확인하기 위해 실시한다. 이 기술의 장점은 관련 세포학적 소견을 가릴 수 있는 표피 세포와 기타 오염 물질을 피할 수 있다는 것이다. 일반적으로 얻어진 검체는 소량의 세포와 최소한의 혈액 및 기타 체액을 포함한다. 이상적인 검체를 얻기 위해 검체를 채취할 종괴

병변의 유형에 맞게 기술을 적용한다. 이 기술은 흡인법과 비흡인법이며, 비흡인법은 세포 손상 및 혈액 오염으로 인한 검체의 변형이 적다.

위치 준비

대부분의 경우 미세침 생검을 위한 병변의 준비는 일반주사나 정맥천자의 준비와 크게 다르지 않다. 만약 체강이나 장기에 대한 천자와 세균 배양을 수행해야 하는 상황이라면 외과적 준비 방법에 준해서 무균적으로 채취를 준비하여야 한다.

재료

미세침 생검 검체 채취에는 바늘과 주사기가 필요하다. 사용되는 바늘 크기는 21게이지에서 25게이지 사이이며 주사기 크기는 3ml에서 12ml 사이이다. 채취의 목표는 혈액 오염이나 세포 손상이 최소화된 검체 세포를 얻는 것이다.

부드러운 병변은 혈액 또는 체액 오염을 최소화하기 위해 더 작은 바늘과 주사기가 필요하고, 단단한 병변은 더 큰 바늘과 주사기가 필요하다.

수행 미세침 생검-흡인법

준비물

- 현미경 슬라이드
- 외과적 준비 재료(필요한 경우)
- 21~25게이지 바늘
- 3~12cc 주사기

순서

1) 세포검사를 할 병변의 위치를 확인한 후 검사 부위의 피부를 소독한다.
2) 주사바늘 및 FNA 건(gun)을 이용하여 병변부 종괴를 찔러 2~3회 정도 세포를 흡인한다.
3) 결절부위가 흔들리지 않도록 손으로 확실히 고정하고 바늘이 종괴를 벗어나지 않도록 주의한다.
4) 위치에 따라 2~3개의 종괴를 추가적으로 흡인한다.
5) 흡인한 검체를 슬라이드글라스 위에 뿌린다.

수행 미세침 생검-비흡인법

준비물

- 현미경 슬라이드
- 외과적 준비 재료(필요한 경우)
- 21~25게이지 바늘
- 3~12cc 주사기

순서

1) 한 손으로 병변부를 안정시키고 바늘을 종괴에 삽입한다.
2) 주사기가 부착되지 않은 바늘을 사용한다. 원하면 주사기를 사용하여 더 쉽게 다룰 수 있지만 음압은 절대 적용하면 안 된다. 주사기가 붙은 채로 삽입하면 바늘을 조작할 때 더 나은 그립감을 얻을 수 있다. 바늘을 삽입한 후 바늘을 약간 전진시키거나 후퇴시키면서 재조정한다. 여러 번 움직이면서 종괴의 여러 부분에서 세포를 채취한다.
3) 병변부에서 주삿바늘을 뺀다.
4) 바늘을 주사기에 부착하여 남은 소량의 체액이나 조직을 현미경 슬라이드에 옮긴다.

II 외이도검사

1 귀 세포학

귀의 검체검사는 외이염 진단과 원인 병원체 동정에 도움을 준다. 평가는 주로 세균(일반적으로 *Staphylococcus spp.*(포도구균) 또는 *Pseudomonas*(슈도모나스))의 존재 여부를 확인하는 것으로 진행된다. 슬라이드에 딥퀵염색을 하면 보다 구체적인 세균 동정에 도움이 된다. 그리고 귀의 염증은 *Malassezia* 속의 이스트에 의해 발생할 수 있으며, 이는 특징적인 짙게 염색된 타원형 형태 또는 눈사람 모양의 원인체를 관찰함으로써 확인된다. 귀 진드기(*Otodectes cynotis*)에 의한 기생충 감염도 귀 검체를 통해 진단할 수 있다.

그림 6-1 귀 도말검사에서의 현미경상

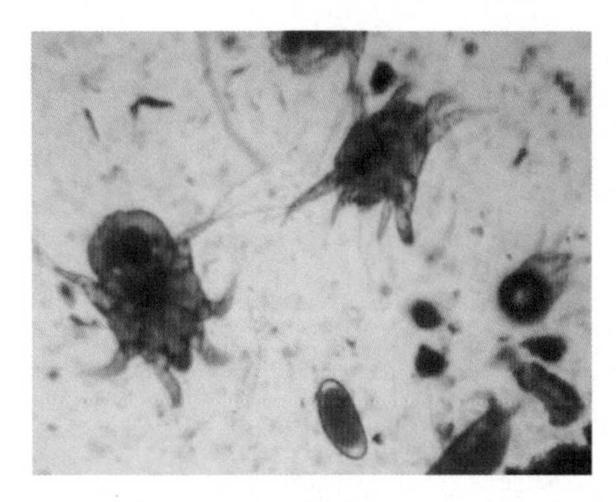

귀진드기

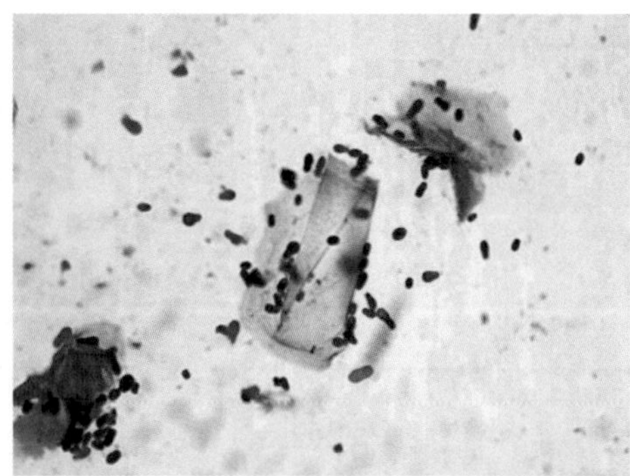

말라세지아 감염증

2 검체의 채취

검체는 병변이 있는 귀의 외이도에서 채취된다. 세포학적 검사가 필요한 경우, 검체는 공기 건조하거나 약한 열로 건조하고 딥퀵 염색을 사용하여 염색한다. 기생충이 의심되는 경우, 슬라이드글라스의 검체에 미네랄 오일을 한 방울에 추가하여 검사한다.

양쪽 귀를 검사하고, 슬라이드에는 오른쪽과 왼쪽을 나타내는 표식을 적어야 한다.

3 외이도검사 과정

다음은 귓병을 유발하는 포도상구균, 말라세지아 및 귀진드기 감염증 등의 진단을 위해 외이도검사를 수행하는 과정이다.

수행 외이도검사

준비물

- 슬라이드글라스, 멸균 면봉
- 딥퀵 염색약
- 현미경, 유침오일

순서

1) 멸균 면봉과 슬라이드글라스를 준비한다.
2) 면봉을 이용하여 좌/우측 외이도에서 검체를 채취한다.
3) 슬라이드글라스 위에 부드럽게 여러 번 굴려서 도말한다.
4) 슬라이드글라스에 좌/우측을 구분하여 표시한다.
5) 자연 건조하거나 약한 열(헤어드라이어 또는 알콜램프 사용)로 건조한다.
6) 건조시킨 후 딥퀵 염색약을 이용하여 검체를 염색한다.
7) 검체를 현미경에 위치시킨 후 관찰한다.

기타 사항

귀 진드기 감염증의 검사를 위해서는 검체의 건조와 염색 전에 현미경으로 검체를 관찰하며, 가장 낮은 배율로도 충분히 검사할 수 있다.

질 도말검사

1 질 도말검사의 의의

개는 다른 동물과는 다르게 발정전기와 발정기의 기간이 길고 각 개체마다 이 기간이 다양하여서 교배의 적기와 배란시기를 정확하게 파악하는 데 어려움이 있다. 이에 개의 질 도말검사는 환자의 발정기 단계를 결정하는 유용한 도구가 될 수 있다. 암캐의 발정 주기 동안의 체내 호르몬의 변화는 질 상피의 증식을 유발한다. 이 증식된 상피세포를 수집하고 세포의 유형과 비율을 확인함으로써 발정단계를 확인할 수 있다. 이 세포학적 관찰에서의 검사 판정은 신체적 및 행동적 변화와 함께 해석되어야 한다. 질 도말검사를 한 번으로 판정하기 어렵다면 며칠 후 재검사가 필요하다.

2 검체 채취 방법

검체는 면봉 수집법이나 접촉 수집법을 이용하여 수집할 수 있다.

수행 질 세포학 면봉 수집법(Vaginal cytology swab collection method)

준비물

- 면봉
- 0.9% 생리식염수
- 현미경 슬라이드

순서

1) 면봉을 0.9% 생리식염수로 적신다.
2) 보정자는 개를 서 있는 자세로 보정한다. 개가 앉지 않도록 복부 아래에 손을 둔다.
3) 면봉을 질에 조심스럽게 삽입한다.
4) 면봉이 삽입되고 나면 각도를 약 45도로 낮춰서 360도 회전시킨 후 제거한다.
5) 면봉을 슬라이드에 몇 차례 굴려서 묻힌다.
6) 공기 중에서 건조시키고 염색한다.

수행 질 세포학 접촉 수집법(Vaginal cytology imprint collection method)

준비물

- 현미경 슬라이드
- 거즈

순서

1) 개를 서 있는 자세나 배등(VD) 자세로 눕힌다.
2) 젖은 거즈로 질에서 과도한 분비물이나 이물질을 제거한다.
3) 질을 벌리고 슬라이드를 점막 표면에 눌러 붙인다.
4) 2~3회 반복하여 검체를 찍어낸다.
5) 슬라이드를 공기 중에서 건조시키고 염색한다.

3 질 도말검사 세포의 유형

질 도말검사를 평가할 때 현미경으로 관찰되는 세포 대부분은 다양한 발달 단계에 있는 질 상피세포이다. 발정단계에 따라 이 세포의 비율이 달라진다. 세포는 기저세포(Parabasal cell), 중간세포(Intermediate cell), 표피세포(Superfical cell)로 분류된다. 그 외에 호중구, 적혈구, 세균도 관찰될 수 있다.

■ 기저세포(Parabasal cell)

기저세포는 가장 작은 질 상피세포이다. 이 세포는 둥근 핵과 작은 양의 세포질을 가진 둥근 모양을 가지고 있다. 염색에서는 진하고 어두운 색을 띠고, 크기와 형태는 거의 같다.

■ 중간세포(Intermediate cell)

중간세포는 크기와 형태가 다양하며, 세포질의 양에 따라 소형 중간세포와 대형 중간세포로 추가 분류될 수 있다. 소형 중간세포는 둥글거나 타원형을 유지하며 핵이 크다. 대형 중간세포는 세포질이 불규칙한 형태로 변하고 세포질이 더 풍부하다.

■ 표피세포(Superficial cell)

표피세포는 가장 큰 상피세포이다. 핵은 농축되고 때에 따라서는 사라진다. 세포질의 양은 풍부하고 각이 지고 검체를 수집하거나 슬라이드를 준비하는 과정에서 접힐 수 있다. 이 세포는 얇고 날카로우면서 각진 경계와 어둡고 응축된 핵을 가지고 있다. 핵이 없는 표피세포는 무핵 표피세포로 불린다.

IV 발정단계

1 무발정기(Anestrus)

무발정기는 3~5개월로 가장 길며 질의 부종이 없다. 기저세포와 중간세포가 우세하며, 표피세포는 없거나 매우 적은 수로 존재한다. 호중구는 있을 수도 있고 없을 수도 있다.

2 발정 전기(Proestrus)

발정 전기의 기간은 2~15일이며 평균 9일이다. 질의 부종이 생기며 붉은 분비물을 분비한다. 수컷을 유인하기는 하나 교미는 허용하지 않는다. 난포가 성숙하고 에스트로겐의 혈중농도는 증가하며, 질 상피세포가 증가하기 시작한다. 초기 발정전기에는 기저세포 수가 줄어들기 시작하며 소형 및 대형 중간세포가 더 흔해진다. 후기 발정 전기에는 소형 중간세포에서 대형 중간세포로 변화되며, 표피세포가 증가한다. 발정출혈이 발생하므로 적혈구가 일반적으로 존재한다. 호중구와 세균이 존재한다.

3 발정기(Estrus)

발정기는 5~17일이며 분비물은 핑크색에서 담황색으로 발정전기보다 연해지고 교미를 허용한다. 각질화된 표피세포가 우세(90% 이상)하며, 많은 세포의 핵이 농축되거나 무핵을 보인다. 배경은 맑고 점액이 없다. 적혈구는 있을 수도 있고 없을 수도 있으며 호중구는 보이지 않는다.

4 발정 후기(Metestrus)

발정 후기는 2~2.5개월이며 표피세포 수가 급격히 감소한다. 기저세포와 소형 중간세포가 다시 나타난다. 호중구가 흔하며, 세균이 종종 관찰된다.

그림 6-2 질 도말검사에서의 세포 변화

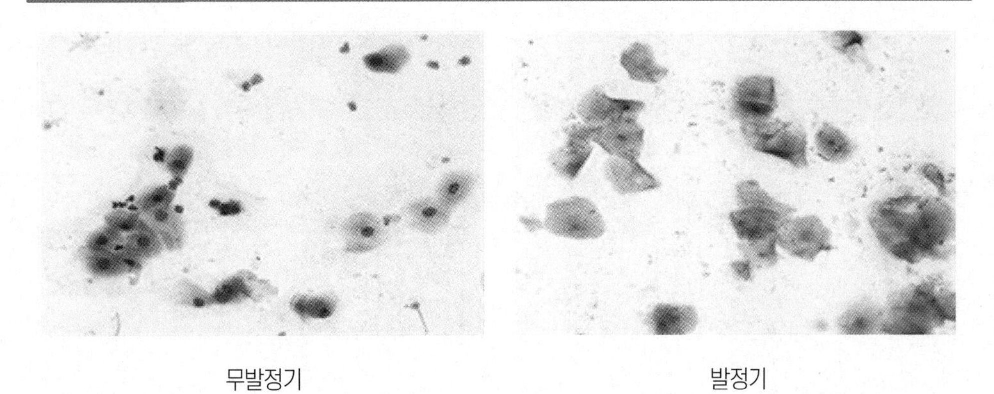

무발정기 발정기

Chapter

07

체강 유출액 검사

Chapter 07

체강 유출액검사

학습목표

- 체강(Body cavity fluid) 유출액의 생성 원리를 이해한다.
- 채취된 체강 유출액의 육안검사를 할 수 있다.
- 채취된 체강 유출액의 총단백질검사를 할 수 있다.
- 채취된 체강 유출액의 종유핵세포수(TNCC)를 측정할 수 있다.
- 채취된 체강 유출액의 세포학검사 준비를 할 수 있다.

I 체강 유출액의 생성 원리

흉강이나 복강에 존재하는 모세혈관에서는 혈관에 작용하는 정수압에 의해 연속적으로 간질액(Interstitial fluid)이 만들어지고 이는 곧 체강 내로 유입된다. 하지만 건강한 동물에서는 이렇게 유입된 대부분의 간질액들은 빠르게 림프 모세관을 통해 흡수되기 때문에, 체강에는 소량의 체액만 남아 장기의 윤활 작용을 담당하게 된다. 체액의 생성과 흡수에 영향을 미치는 요인(정수압, 삼투압, 혈과 투과성, 재흡수)들에 이상이 발생하여 균형이 깨지게 되면, 병변이 존재하는 체강내에 체액이 쌓여 다양한 임상증상이 나타나게 된다. 유출액이 발생하는 기전은 다음과 같다.

1 혈장 교질 삼투압이 감소한 경우

체액이 빠져나가게 하는 정수압과 반대로 체액을 혈관내로 끌어당기는 압력이 줄어들어(저알부민혈증) 발생한다. 결국 빠져나간 체액이 림프관의 흡수능력을 초과하여 저류하게 된다.

2 모세혈관 정수압의 증가한 경우

혈관 내의 정수압이 증가(혈관 내 용적과부하)하여 삼투압보다 커지고, 림프관의 흡수능력을 초과하면 나타난다.

3 혈관 투과도가 증가한 경우

혈관 계통의 문제(염증반응, 종양)로 인해 과도하게 체액이 빠져나가 발생한다.

4 림프 순환이 문제가 발생한 경우

림프관 폐쇄가 일어나 정상적으로 체액의 흡수를 할 수 없는 경우에 나타난다.

II 체액검사

체액을 분석하고자 할 때에는, 현미경검사 전 몇 가지 물리적 성질을 평가한다. 확인해야 할 물리적 특성에는 체액의 색깔, 냄새, 혼탁도와 체액에 포함된 총단백질(Total protein) 농도, 총유핵세포수(Total Nucleated Cell Count, TNCC)를 측정한다. 총유핵세포수는 CBC 기계와 같은 자동분석기를 이용할 수도 있고, CBC나 CSF검사 시 사용되는 혈구계수기를 사용할 수 있다. 이러한 세포 수 측정을 하는 경우에는 시료를 EDTA 튜브에 채취하도록 한다.

1 육안검사

유출액의 색상, 혼탁도, 냄새 등을 검사한다. 특히 감염성 원인인 경우, 유출액 색이 혼탁한 노란색에서 갈색 색을 띠고, 악취를 풍기는 경우가 많다. 채취 과정 중 혈액이 혼입되거나 출혈 병변이 있는 경우에는 혈액이 포함된 정도에 따라 핑크색에서 적색까지 다양하게 관찰된다. 흰색의 우유처럼 보이는 것을 유미성 유출액(Chylous effusion, 그림 7-1) 또는 위유미성 유출액이라고 한다. 이는 체액 중에 각각 트리글리세라이드(Triglyceride), 콜레스테롤(Cholesterol) 성분이 다량 포함되어서 이러한 양상을 보이는 것이다.

그림 7-1 유미성 유출액

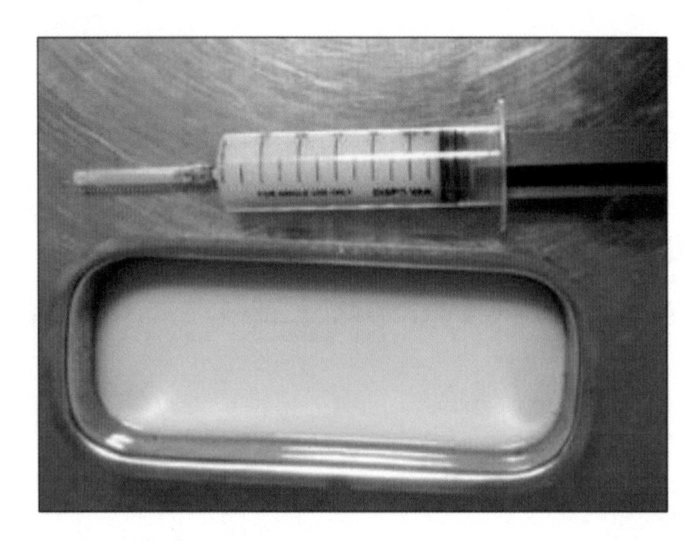

*출처: https://www.thepharmajournal.com/archives/2023/vol12issue7S

2 총단백질 농도(Total protein)

총단백질 농도는 TNCC와 함께 유출액의 종류를 누출액, 삼루액, 삼출액으로 구분하는 기준이 된다(표 7-1). 육안으로 시료가 많이 혼탁해 보이면 원심분리하여 상층액으로 단백질 농도를 혈청화학검사를 이용하여 측정한다.

3 총유핵세포수(TNCC)

총단백질 농도와 함께 유출액의 종류를 구별하는 데 사용한다. TNCC는 혈구계수기를 이용하거나 전혈구검사기(CBC 기계, 그림 1-8)를 이용하여 측정하는데, TNCC에는 백혈구만 측정하는 것이 아니라 중피세포, 대식구와 같은 다른 세포도 포함하여 측정한다. 유출액에 중피세포나 상피성 종양세포가 다량 포함되어 있는 경우는 세포덩어리가 다수 존재하여, 기계로 TNCC를 측정하게 되면 세포의 이동통로를 막아 기계고장을 유발할 수 있으므로 주의해야 한다.

4 세포학검사

앞서 언급한 육안검사, 물리화학적 검사 이외에도 세포학검사는 진단에 매우 도움이 되는 항목으로 모든 유출액에서 TNCC와 관계없이 검사해야 한다. 표본 제작은 일반 세포학 도말하는 방법으로 하거나 유출액에 세포의 수가 적을 것으로 예상되는 경우에는 요침사검사처럼 원심분리(1500rpm, 5분)하여 농축시킨 후 표본을 제작하여 검사한다. 정상적인 동물에서 확인되는 소량의 유출액에는 성숙한 호중구, 소량의 단핵구나 대식구, 소수의 중피세포(Mesothelial cell, 그림 7-2), 더 적은 수의 림프구나 호산구가 관찰될 수 있다. 세포학검사용 유출액의 점도 차이가 클 수 있기 때문에 도말표본을 만드는 방법도 여러 가지를 적용할 수 있다. 양질의 검사를 위해 가급적이면 여러 개의 도말표본을 제작하여 평가한다.

그림 7-2 흉수, 복수에 자주 관찰되는 중피세포

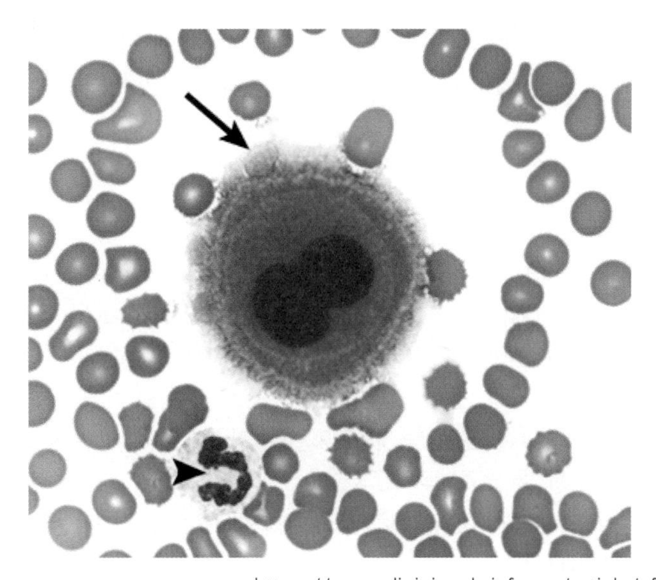

https://www.cliniciansbrief.com/article/effusion-cytology

■ 혈액 도말표본 방법

액상 시료의 도말표본을 만들 때에는 혈액도말 방법과 같은 방법으로 제작한다. 이 방법은 액상 시료에 세포 성분이 많을 때 유용하고, 가급적 얇게 도말해야 세포 관찰이 용이하다.

그림 7-3 혈액 도말표본 제작

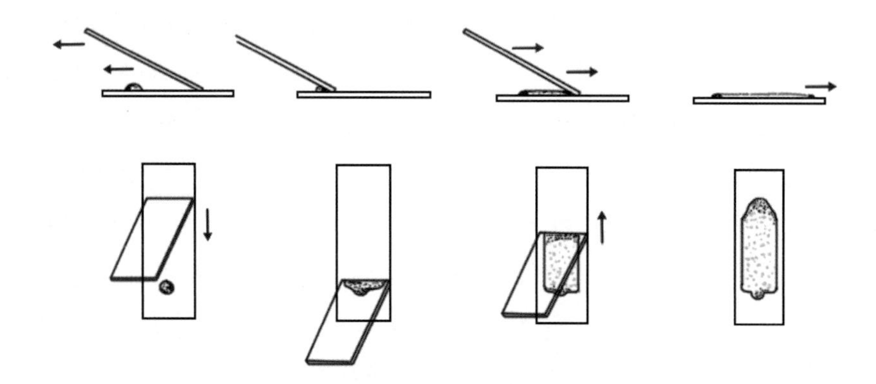

■ 선 도말표본(Line smear) 방법

선 도말표본은 슬라이드 글라스의 일부 영역에 세포들을 농축시켜 관찰할 수 있도록 도말하는 방법으로 액상 시료에 세포가 적을 경우에 사용한다. 하지만 세포가 충분히 펴지지 않아 세포질이나 봉입체의 관찰이 어려울 수도 있다.

순서

1) 한 방울의 시료를 슬라이드 글라스의 한쪽 끝에 떨어뜨린다.
2) 펴는 데 사용하는 슬라이드 글라스를 약 30도 각도로 기울여 아래쪽 슬라이드 글라스에 맞닿은 채로 뒤로 당겨 시료와 접촉하게 한다. 이때 시료는 두 슬라이드 글라스 사이로 퍼진다.
3) 펴는 데 사용하는 슬라이드 글라스를 각도를 유지한 채로 아래 슬라이드 글라스의 시료 반대쪽으로 이동한다.
4) 도말되는 부분이 혈액도말처럼 깃털 모양을 이루기 전에 멈추고, 펴는 데 사용한 슬라이드 글라스를 수직으로 들어올려 분리시킨다.
5) 마지막 접촉 부위에 세포가 밀집하게 되고 염색 후 이곳을 집중적으로 관찰한다.
6) 공기 건조시킨다.

그림 7-4 선 도말표본 제작

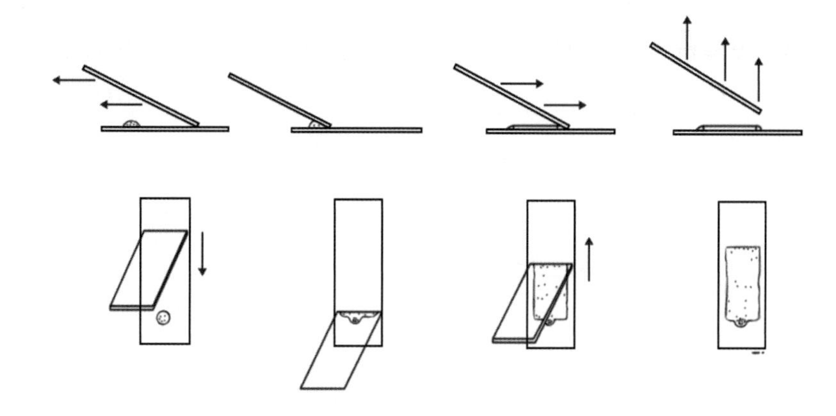

■ 원심분리 농축

세포충실도(Cellularity)가 낮은 액상 시료에 존재하는 세포는 도말표본 제작 전, 시료를 원심분리한 후에 만들 수도 있다. 하지만 원심분리 도중에 세포가 손상되지 않도록 주의가 필요하다.

순서

1) 시료를 1000-1500rpm으로 5분간 원심분리한다.
2) 상층액을 조금만 남기고 조심스럽게 제거한다.
3) 튜브를 조심스럽게 두드려 침사물을 재부유시킨다.
4) 혈액 도말표본, 선 도말표본, 압착 도말표본 방법을 이용해 슬라이드를 제작한다.

5 체액의 종류

■ 흉수/복수

정상의 흉수와 복수는 유사한 특징을 가지며, 체액에 성상과 포함된 단백질 농도, 총유핵세포수, 세포의 종류에 따라 누출액(Transudate), 삼루액(Modified Transudate), 삼출액(Exudate)으로 분류할 수 있다. 이외에도 주로 포함된 세포의 종류에 따라 혈액성, 유미성, 종양성 등으로 분류할 수 있다. 누출액에는 염증성이 아니기 때문에 혼탁도와 총유핵세포수가 증가하지 않는다. 저단백혈증

(Hypoproteinemia)은 대표적으로 누출액을 생성시키는 원인이다. 반면에 삼출액은 염증반응에 의해 나타나기 때문에 총유핵세포수와 시료의 단백질 농도가 증가하며, 염증의 원인을 파악하기 위해 현미경으로 염증세포를 평가해야 한다. 삼루액은 주로 림프관으로부터 체액이 새어나오기 때문에 단백질과 세포의수가 다소 증가하는 경향이 있다. 울혈성 심부전(Congestive heart failure)이 대표적인 삼루액 생성의 원인이다.

표 7-1 흉수, 복수 시료의 분류

분류	색상	혼탁도	단백질 농도 (g/dL)	총유핵세포 수 (TNCC)(/uL)	세포의 종류
정상	무색, 약한 노랑(볏짚색)	투명, 약간 혼탁	< 2.5	2000 ~ 6000	대식구, 림프구, 중피세포, 소수의 적혈구
누출액 (Transudate)	무색	투명	< 2.5	< 1500	대식구, 림프구, 소수의 비퇴행성 호중구, 중피세포
삼루액 (Modified transudate)	무색	약간 혼탁	2.5 ~ 5.0	1000 ~ 5000	대식구, 림프구, 소수의 비퇴행성 호중구, 중피세포
삼출액 (Exudate)	흰색, 옅은 노랑	혼탁	> 2.5	> 5000	염증의 원인에 따른 염증세포 - 호중구(퇴행성, 비퇴행성), 대식구, 림프구, 호산구 세균성 염증의 경우 탐식한 세균과 퇴행성 호중구

■ 관절액

정상 관절액은 매우 소량이어서 1~2 방울만 채취되는 경우가 많다. 그래서 수행할 수 있는 검사가 제한적인 편이다. 그러나 염증이나 퇴행성 질환을 가지고 있는 경우에는 관절액이 증가하여 육안검사뿐만 아니라 총유핵세포수, 점도(Viscosity)도 평가할 수 있다. 관절액의 점도는 히알루론산(Hyaluronic acid)의 질과 관절액의 윤활특성과 관계가 있다. 정상적인 관절액은 끈적거리는데, 점도는 두 손가락 사이에 한 방울의 관절액을 두고 천천히 손가락을 떨어트리면서 나타나는 실가닥을 통해 평가한다. 점도가 좋다면 끊어짐 없이 약 2cm 이상 늘릴 수 있지만, 점도가 낮다면 실가닥이 곧 끊어질 것이다.

점도를 평가할 경우, EDTA로 처리된 관절액으로 평가해서는 안 된다. EDTA 처리가 된 경우, 히알루론산을 분해하기 때문이다. 관절액의 점도는 신선한 시료로 평가하는 것이 좋지만, 항응고제가 필요한 경우라면 헤파린을 사용하여 평가한다.

표 7-2 관절액의 분류

분류	색상	혼탁도	단백질 농도 (g/dL)	총유핵세포 수 (TNCC)(/uL)	세포의 종류	점도
정상	무색, 옅은 노랑	투명	< 2.5	< 3000 (개) < 1000 (고양이)	림프구, 대식구 호중구는 거의 없음	높음 (> 2cm)
퇴행성 관절병증 (degenerative arthropathy)	무색	투명	약간 증가 < 4.0)	1000~10000	림프구, 대식구 호중구는 거의 없음	정도에 따라 감소
관절염 (arthritis)	흰색, 노랑	혼탁	> 3.0	> 4000~10000	호중구 많이 증가 단핵세포의 수 감소	정도에 따라 감소
혈관절증 (hemarthrosis)	오렌지색, 붉은색	혼탁	증가	3000~5000	적혈구, 림프구, 대식구 호중구는 거의 없음	감소

■ 뇌척수액(Cerebrospinal Fluid, CSF)

뇌척수액은 뇌의 거미막밑 공간과 뇌실을 채우고 있는 투명한 액체로 주로 뇌와 척수를 물리화학적으로 보호하는 역할을 한다. 일반적으로 경련, 발작과 같은 중추신경계 증상의 원인을 확인하기 위해 영상학적 검사(MRI, CT)와 함께 뇌척수액을 검사한다. 뇌척수액의 특징은 다음과 같다.

표 7-3 정상 뇌척수액의 특징

색상	무색
혼탁도	투명
단백질	0.05 g/dL
적혈구	< 250 /uL

TNCC	< 25 /uL
세포	단핵세포(주로 림프구)

육안검사를 통해 색상과 혼탁한 정도를 평가한다. 질병의 중증도에 따라 거시적인 변화가 미미할 수도 있다. 세포수가 현저하게 높아지면 혼탁한 양상을 보이고, 최근의 출혈이 있거나 시료 채취 시 혈액이 오염되면 그 정도에 따라 핑크색 또는 붉은 색을 보인다. 출혈이 오래된 경우는 노란색이나 오렌지 색으로 나타난다. 뇌척수액에는 주로 알부민이 소량 존재하는데, 이를 굴절계나 혈청화학분석기로 정량하기 어렵기 때문에 단백질양을 측정하기 위해서는 요스틱을 이용한다. 세포수는 혈구계수기(Hemocytometer, 그림 7-5)를 이용하는데 평소에 오염되지 않도록 관리하여야 한다. 깨끗한 커버글라스를 올려놓고 혈구계수기 사이에 잘 혼합된 뇌척수액을 피펫을 이용하여 채운다. 5~10분간 기다린 후, 혈구계수기의 9개의 큰 사각형에 있는 세포수를 센다. 이때 세포를 잘 관찰하기 위해 현미경의 콘덴서를 내리는 것이 좋다. 정상적인 뇌척수액은 세포수가 매우 적으며 현미경으로 세포를 관찰하기 위해서 시료를 농축시키는 방법(세포원심분리기, 그림 7-6)이 필요하다. 장비가 없는 경우에는 1~3cc 주사기 몸통을 이용하여 간이 침전 챔버를 이용할 수 있다.

그림 7-5 혈구계수기

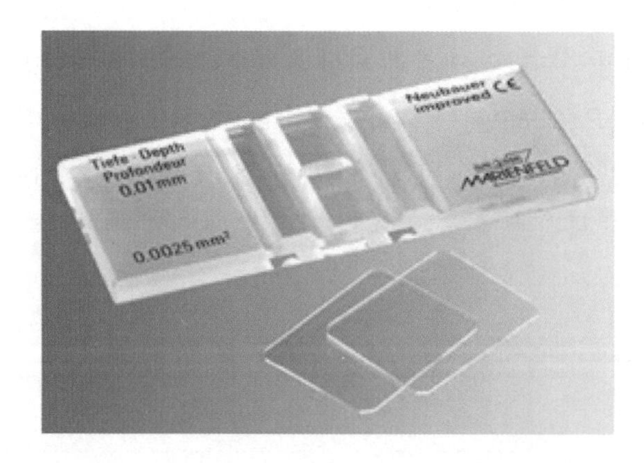

*출처: https://www.indiamart.com

그림 7-6 세포원심분리기(좌)와 세포를 모으는 깔때기(우)
세포의 손상을 최소로 하여 원심분리한 후 슬라이드에 모을 수 있다.

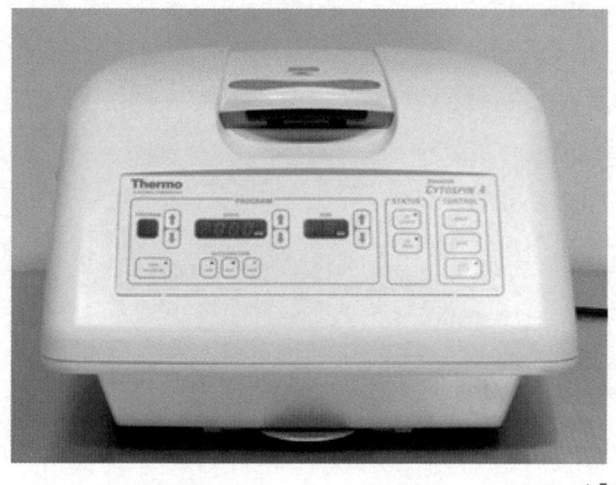

*출처: https://www.marshallscientific.com

■ 심낭 유출액(Pericardial effusion)

심낭 유출액은 개에서는 종종 관찰되지만, 고양이에서는 흔하지 않다. 대부분 출혈성으로 나타나지만 종양이나 염증에 의한 삼출액 또는 삼루액 양상으로 나타나는 경우도 있다. 심낭 유출액은 종양 때문에 발생하는 경우가 많지만, 그 원인이 명확하지 않고 특발성(Idiopathic)으로 나타나기도 한다. 그 밖에 외상이나 응고장애, 감염, 울혈성 심부전, 저단백혈증, 고양이 전염성 복막염 등에서 보고되었으나 드문 편이다. 세포학검사에서는 대부분 적혈구가 관찰되고 백혈구는 다양하게 관찰된다. 그 밖에 적혈구를 탐식한 대식구, 중피세포(Mesothelial cell), 림프구(Lymphocyte), 종양세포가 관찰될 수 있다.

Chapter

08

세포학검사

Chapter 08

세포학검사

학습목표

- 세포학검사의 원리를 이해한다.
- 세포학검사를 위한 시료 채취 방법과 취급 방법을 설명할 수 있다.
- 세포학검사를 위한 도말표본의 제작 및 염색을 할 수 있다.
- 세포학검사 시 유효한 세포를 촬영하여 기록할 수 있다.

I 세포학검사의 이해

세포학(Cytology)은 동물 체내의 어느 부위에서든 탈락 또는 채취한 세포를 평가하여 질병 상태(감염, 염증, 과증식, 양성 종양, 악성 종양 등)를 빠르게 판단하는 데 도움이 되는 검사 방법이다. 다른 검사법에 비해 상대적으로 전문적인 장비나 재료가 필요하지 않고, 비용이 저렴한 편이다. 생검(Biopsy)에 비해 덜 침습적이기 때문에 동물병원에서 쉽게 이용할 수 있다. 세포학검사에서 사용할 수 있는 시료의 종류가 매우 다양하기 때문에 시료를 채취 및 준비하는 과정이 해당 시료의 종류에 맞게 적절히 이루어져야 한다. 그렇지 않으면 세포의 양이 부족하거나 세포 형태가 손상되어 진단을 하기에는 양적 또는 질적으로 적당하지 않게 된다.

조직병리학적 검사(생검)는 병변에 존재하는 조직 덩어리를 채취하여 전문적인 샘플 처리과정을 거쳐 현미경으로 관찰한다. 이를 통해 조직의 구조를 평가하고 세포들의 종류를 판단하여 진단하게 된다. 반면에 세포학에서는 바늘 또는 도구를 이용해 병변내 세포의 일부를 채취하거나 액상 시료에서 세포 성분을 분리하여 간단한 염색과정을 거친 후 현미경으로 관찰한다. 따라서 세포학은 관찰되는 세포의 종류를 통해 병변의 상태를 판단하기 때문에, 병변의 구조적인 상태를 파악하기 어렵고, 시료가 어디서 채취되었느냐에 따라 상이한 결과가 나올 수 있기 때문에 세심한 해석이 필요하다.

II 시료 채취 방법과 취급 방법

1 시료 채취 방법

■ 면봉법(Swab)

다른 방법으로는 접근이 어려운 부위에서 채취하기에 용이하다. 병변의 표면에 존재하는 세포를 채취하여 현미경으로 관찰한다. 세포들은 매우 약하여 작은 힘에도 형태가 손상되기 때문에 채취과정 중 미세한 조작이 필요하다. 면봉을 멸균식염수로 적셔서 사용하면 세포손상을 줄이는 데 도움이 된다. 채취 후 배양검사를 실시할 경우, 멸균처리된 면봉을 사용하고, 외부 실험실로 이동하는 경우, 적절한 수송용 배지를 이용한다. 주로 누출액이 있는 관상 구조, 외이도(Ear canal), 비강(Nasal cavity), 질(Vagina) 등의 병변을 확인하는 데 사용한다.

준비물

- 면봉(멸균 또는 비멸균)
- 0.9% 생리식염수
- 슬라이드 글라스

순서

1) 생리식염수로 면봉을 적신다. 배양을 위해 시료를 채취하는 경우, 멸균면봉을 사용한다.
2) 감염된 부위의 경우, 점액화농성 분비물은 세포의 구조나 형태를 판단하기 어렵기 때문에 피한다.
3) 적절하게 보정한 후, 해당 병변에 면봉을 삽입하고 부드럽게 돌려 병변 표면의 세포가 면봉에 부착하게 한다. 이때 강하게 비비거나 긁는 동작은 하지 않는다.
4) 슬라이드 글라스의 장축 방향으로 부드럽게 면봉을 돌리면서 시료를 바른다. 문지르는 동작은 세포를 손상시킬 수 있다.
5) 완전히 공기건조 시키고 필요한 염색을 한다.

■ 세침(Fine needle) 검사

세침검사는 피하 덩어리, 림프절, 장기 등의 병변에서 세포를 채취할 때 사용한다. 바늘을 이용하여 내부에서 세포를 채취하기 때문에 표면에 존재하는 다양한 오염물과 세포들을 피할 수 있는 장점이 있다. 하지만 병변 위치와 성질에 따라 세포 수가 충분하지 않을 수 있고, 혈액이나 체액이 혼입되기도 한다. 채취하려는 조직의 특성에 따라 세포를 충분히 채취하기 위해 흡인(Aspiration) 과정이 필요한 경우(간엽세포 종양으로 의심되는 경우, 세포 탈락이 잘 안 됨)도 있는데, 대개 세포의 형태 보존과 혈액 오염으로 인한 세포의 희석 효과를 줄이기 위해서 비흡인(Non－aspiration) 방법이 추천된다. 상대적으로 부드러운 덩어리는 직경이 얇은 주사기 바늘과 작은 주사기를 사용하여 혈액이나 체액의 오염을 줄이고, 단단한 덩어리는 다소 굵은 주사기 바늘과 중간 크기의 주사기를 사용하여 세포 채취량을 늘리는 것이 좋다. 지나치게 두꺼운 바늘을 사용하면 조직의 일부가 탈락하여 세포관찰이 어려울 수 있고, 조직 손상을 초래할 수 있다.

준비물

- 슬라이드 글라스
- 알코올 솜
- 22-24G 바늘
- 3-12ml 주사기

순서

1) 샘플 채취할 부위를 알코올 솜으로 소독한다.
2) 한 손으로 덩어리 또는 병변을 고정한다.
3) 덩어리 또는 병변에 주사기 바늘을 삽입한다.
4) 주사기의 손잡이를 수차례 반복적으로 당겨 음압을 유지한다(비흡인 방법의 경우 생략).
5) 덩어리에서 바늘이 빠지지 않도록 유지한채로 바늘의 방향만 바꿔서 5~7번 바늘을 찌른다.
   덩어리가 작거나 복강 장기의 경우는 어려울 수 있다.
   주사기 허브에 아무것도 관찰되지 않아야 한다.
   만약 혈액이 관찰되면 즉시 중단한다.
6) 음압을 풀어준다(비흡인 방법의 경우 생략).
7) 덩어리에서 바늘을 뺀다.

슬라이드 글라스에 시료 옮기기

1) 바늘과 주사기를 분리하고 주사기에 공기를 채운 후 다시 바늘과 연결한다.
2) 슬라이드 글라스의 중앙부에 바늘의 내용물을 빠르게 토출시킨다.
3) 바늘에 존재하는 세포들이 모두 나올 수 있도록 여러 번 반복하되, 주사기에 공기를 다시 채울 때에는 바늘과 주사기를 반드시 분리한다.
4) 시료가 빠르게 건조되기 때문에, 적절한 방법으로 도말표본을 즉시 만든다.
5) 건조되면 필요한 염색을 한다.

■ 날인 도말(Imprint)

날인 도말은 표층에 존재하는 병변이나 조직생검 시료에서 검사용 세포를 채취하는 방법이다. 양질의 세포를 얻을 수 있지만 오직 표층에 존재하는 세포만 슬라이드 글라스로 옮겨지기 때문에 전체 병변을 대표할 수 없는 경우도 있으며, 이차 감염이나 염증만 확인되는 경우도 있다. 생검 조직이나 조금 큰 덩어리의 경우, 반으로 잘라서 절단면에 존재하는 세포를 채취할 수 있다. 필요시 식염수로 세척 후 날인 도말을 할 수 있고, 표층 병변에 가피가 있는 경우 가피를 제거하여 가피의 안쪽 또는 병변부에서 채취하는 경우도 있다.

준비물

- 슬라이드 글라스
- 거즈

순서

1) 외부로 노출되어 있는 병변이나 생검 조직에 체액이나 혈액이 존재하면 거즈에 스며들게 하여 제거한다.
2) 슬라이드 글라스를 표층 병변 위에 직접 접촉시켜 가볍게 누른다. 이때 슬라이드 글라스를 문지르거나 긁지 않는다. 생검 조직의 경우, 시료를 겸자로 가볍게 잡고 슬라이드 글라스에 여러 번 접촉시킨다.
3) 슬라이드 글라스를 들어 올리고 공기건조 시키고 염색한다.

■ 찰과 표본(scraping)

평평한 피부 조직이나 세포가 잘 탈락하지 않았을 경우에 사용하는 방법으로 수술용 칼날을 이용하여 표층에 있는 세포들을 물리적으로 긁은 후, 슬라이드 글라스에 옮겨 도말하는 방법이다. 시료를 채취할 장소에 이차적인 염증이나 감염이 존재하는 경우에는 원래 조직의 세포 특성을 반영할 수 없기 때문에 검사가 적절하지 않을 수 있다. 모낭충이나 옴진드기를 확인하기 위해서 사용하기도 한다.

준비물

- 수술용 10번 블레이드
- 슬라이드 글라스
- 미네랄 오일(피부 기생충 확인 시)

순서

1) 검사할 부위의 털이 긴 경우 가볍게 털을 제거하고, 피부 기생충검사 목적인 경우에는 약하게 압력을 가하며 마사지한다.
2) 피부 기생충검사를 위해서는 블레이드에 미네랄 오일을 바르고, 세포학검사용 시료를 채취할 경우에는 미네랄 오일을 바르지 않는다.
3) 한 손으로 피부 병변을 고정하고, 주름이 있는 경우는 피부 주름을 편다.
4) 피부 병변에 수직으로 블레이드를 잡고, 6~7회 피부를 긁는다.
5) 블레이드 날에 모인 세포들을 슬라이드 글라스에 펴 바르고 공기건조하여 염색한다.
   피부 기생충 관찰을 위해서는 미네랄 오일 1방을 떨어뜨려 시료와 섞는다.

■ 천자

천자는 체내의 특정 공간에 존재하는 액체 시료를 채취하기 위해 바늘을 통과시키는 방법이다. 시료를 채취하기 전에 병변의 위치에 따라 물리적 또는 화학적 보정이 필요하다. 채취된 시료는 육안검사와 현미경검사를 실시한다. 액상 시료의 경우, 도말에 필요한 세포를 농축시키기 위해 원심분리가 필요하고, 향후에 필요할 수도 있는 검사를 위해 항응고제가 들어있는 튜브나 멸균 튜브에 보관한다.

표 8-1 검사에 사용되는 액상 시료와 채취 방법

종류	채취 방법
복수	복강천자
흉수	흉강천자
소변	방관천자
관절액	관절천자
뇌척수액(CSF)	수조천자, 요추천자

준비물

- 주사기 바늘
- 나비침
- 정맥카테터

천자 시 주의할 점

- 주사기나 카테터의 크기는 시료 채취 부위와 환자의 상태에 따라 달라진다.
- 제거해야 할 액상 시료의 양이 많다면 정맥카테터를 이용하는 것이 안전하다.
- 도말표본은 시료가 채취된 직후에 즉시 만들고, 나머지 시료는 EDTA 튜브나 일반 튜브에 보관한다.
- 육안검사를 통해 색, 혼탁도, 채취한 양을 기록한다.
- 총유핵세포수(total nucleated cell count), 총단백질(total protein)과 비중(specific gravity) 검사를 실시하여 기록한다.
- 도말 평가 시 관찰되는 세포, 형태적 특성을 확인한다.
- 세포수가 적은 시료의 경우, 채취한 액상 시료를 원심분리하여 침전물을 현미경으로 검사한다. 원심분리하지 않은 남은 시료는 다른 검사를 위해 보관한다.

도말표본의 제작 및 염색*

1 조직 시료의 도말 방법

■ 압착 도말표본 방법

조직 덩어리에서 채취한 시료는 액상 시료처럼 쉽게 도말되지 않기 때문에 앞에서 기술된 방법은 유용하지 않다. 이러한 경우에는 압착 도말표본 방법이 효과적이다. 하지만 너무 많은 힘을 가하면 세포가 터져 관찰할 수 없기 때문에 유의해야 한다.

순서

1) 시료를 아래 슬라이드 글라스의 1/3 지점에 떨어뜨리고, 다른 슬라이드 글라스로 90도 각도로 덮는다.
2) 슬라이드의 무게를 이용해 시료를 누르되, 손가락으로 슬라이드에 추가적인 힘을 주지 않도록 한다. 추가적인 힘을 가하면 세포 손상이 나타난다.
3) 펴는 데 사용하는 슬라이드 글라스를 아래쪽으로 누르는 힘 없이, 아래 슬라이드 글라스 바깥쪽으로 미끄러지듯 이동하면서 시료를 도말한다.
4) 공기 건조시키고 염색한다.

그림 8-1 압착 도말표본 제작

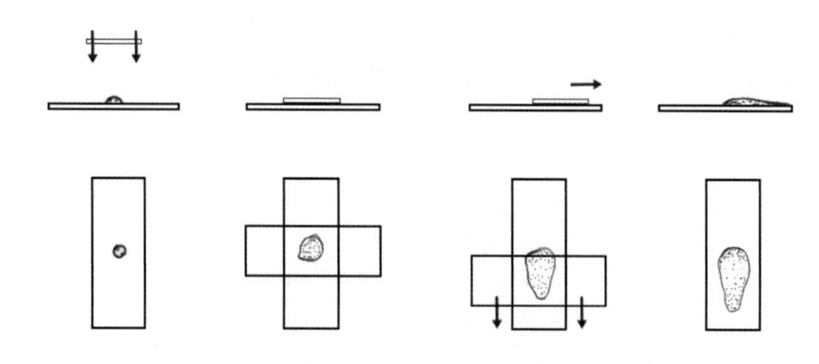

* 액상 시료의 도말 방법은 161페이지 [혈액 도말표본, 선 도말표본 방법] 참조.

■ 별 모양 도말표본 방법

깨지기 쉬운 세포를 도말하는 다른 방법은 별 모양으로 도말표본을 만드는 방법이다. 하지만 세포가 충분히 펴지지 않아서 형태학적인 세포평가가 어려울 수 있다.

순서

1) 시료를 슬라이드 글라스에 올리고, 주사기 바늘을 이용해 중심부에서 바깥쪽으로 펴듯이 시료를 이동시킨다.
2) 두꺼운 부분은 건조에 시간이 걸리므로 충분히 공기 건조시킨다.

그림 8-2 별 모양 도말표본 제작

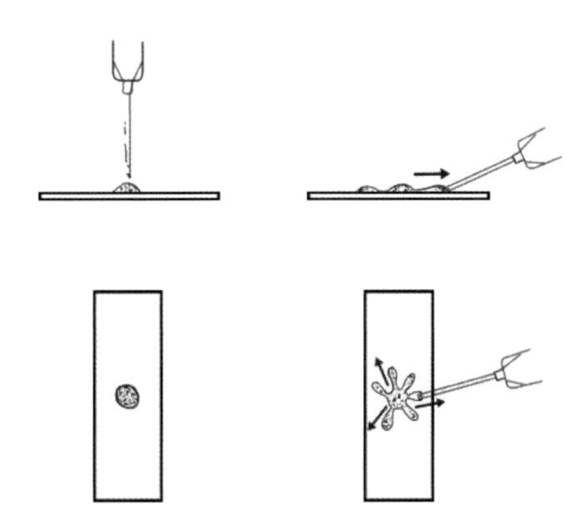

■ 염색 방법

로마노스키 염색(Romanowsky stain)

세포학검사를 위해 여러 가지 염색 중, 가장 대표적인 것이 딥퀵(Diff-Quik), 라이트 염색(Wright's stain) 같은 로마노스키 타입 염색이다. 일부 비만세포(Mast cell) 과립이 딥퀵으로 염색이 안 되기도 하는데, 이러한 경우는 고정 시간을 충분히(15분) 늘리면 염색이 가능하다. 염색을 시작하기 전 도말표본이 완전히 건조되어야 한다.

염색을 시작할 때, 도말표본의 두께를 고려해야 한다. 도말이 두껍게 된 경우에는 염색 시간을 늘려주고, 도말이 얇게 제작된 경우에는 염색 시간을 줄여주는 것이 좋다.

염색약은 도말표본의 종류에 따라 사용할 수 있도록 '비오염(림프절, 혈액, 장기 등)'과 '오염(귀, 화농성 병변 등)'으로 구별하여 관리하는 것이 좋다.

딥퀵 염색법(Diff−Quik stain)

순서

1) 염색 전 도말이 완전히 건조되었는지 확인한디.
2) 도말표본이 있는 슬라이드 글라스를 고정액에 1초에 1회씩 5~10회 담근다.
   남은 염색약은 흘려보낸다.
3) 1번 염색약에 1초에 1회씩 5~10회 담근다. 남은 염색약은 흘려보낸다.
4) 2번 염색약에 1초에 1회씩 5~10회 담근다. 남은 염색약은 흘려보낸다.
5) 증류수로 슬라이드 글라스를 세척한다.
6) 슬라이드 글라스를 세워두어 완전히 건조시킨다.

* 고정액과 염색약에 담그는 횟수는 시료의 종류, 표본의 두께, 염색약의 상태에 따라 조절할 수 있다.

그림 8-3 딥퀵 염색약(Diff-Quik stain)

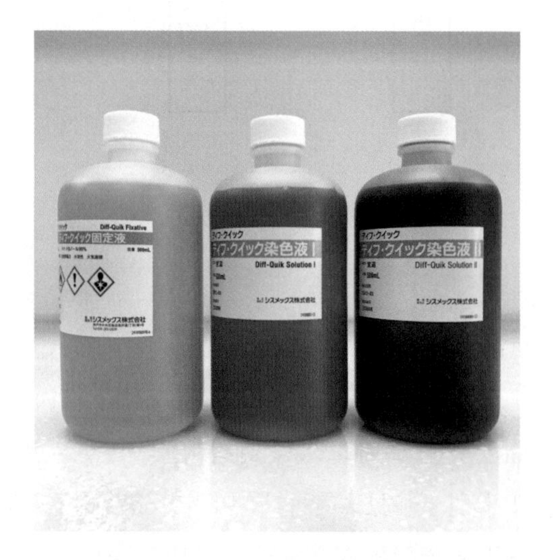

뉴메틸렌블루 염색(New methylene blue stain)

뉴메틸렌 블루 염색은 핵 염색이 잘되어 잘 보이게 하지만 세포질은 염색이 잘 안 된다. 그래서 적혈구가 많이 혼입된 샘플에서 유핵세포를 잘 관찰할 수 있다.

파파니콜라우 염색(Papanicolaou stain)

파파니콜라우 염색은 핵과 세포질에 염색성이 우수하지만, 여러 과정이 필요하고 시간이 많이 소요된다. 또한 도말표본이 건조되기 전에 습식 고정을 해야 하는데, 이러한 이유들 때문에 동물병원에서는 실제로 사용하기 어렵다.

그람 염색(Gram stain)

그람 염색은 시료 내에 존재하는 세균을 평가하는 데 유용하다. 하지만 세포를 관찰하기에는 적합하지 않다.

2 세포학검사용 슬라이드나 조직 시료를 실험실로 보내는 요령

- 병변과 관련된 병력(발생한 시기, 기간, 성장률, 소양감이나 통증 여부 등)을 시료와 함께 보낸다.
- 병변의 육안 소견(덩어리인지, 결절인지, 탈모가 있는지 등)을 기술한다.
- 병변의 크기와 위치를 기술하거나 그림에 표시한다.
- 슬라이드 글라스를 여러 장 만들고, 공기 건조한 도말표본과 로마노스키 타입 염색약으로 염색한 도말표본을 모두 보낸다.
- 액상 시료를 보낼 경우, 도말표본을 즉시 만들어 시료와 함께 보낸다.
- 도말표본에 라벨(환자 이름, 병변 채취 위치, 날짜 등)을 명확히 기록한다.
- 슬라이드 글라스의 파손을 예방하기 위해 전용 용기를 이용한다.
- 조직 표본의 경우, 배송 전 포르말린(Formalin)으로 먼저 고정한다.
- 포르말린이 포함된 상자에 고정이 안 된 도말표본 슬라이드 글라스를 동봉하지 않는다. 포르말린 가스에 노출된 도말표본은 염색이 잘되지 않는다.
- 모든 슬라이드와 용기에 환자, 날짜, 시료 종류에 대한 정보를 정확히 기록하였는지 확인한다.

■ 세포학검사용 도말표본을 실험실로 보낼 경우, 배송 전 최소한의 확인 사항

- 시료에 검사할 세포가 충분한지 확인 후, 충분하지 않다면 선도말표본 또는 원심분리 농축 방법을 사용해 검사할 세포수를 늘린다.
- 시료에서 관찰되는 세포가 예상하는 세포와 같은지 확인하여, 해당 부위에서 시료 채취가 이루어졌는지 확인한다.
- 시료에 세포가 충분히 많더라도 다수의 세포가 파열(Rupture)되었다면, 좀 더 약한 도말방법으로 다시 도말표본을 만든다.

3 유효한 세포의 촬영 및 기록

■ 염증성 병변의 관찰

감염이나 조직 손상이 일어났을 경우, 염증은 정상적인 반응이다. 염증 반응으로 인해 염증이 발생한 장소로 염증세포가 이동하기 때문에 그 종류와 형태를 잘 관찰함으로써 염증의 종류를 구별할 수 있고 나아가 염증의 원인도 추정할 수 있다. 염증성 병변은 화농성(Suppurative), 화농육아종성(Pyogranulomatous), 육아종성(Granulomatous), 호산구성(Eosinophilic)으로 구별할 수 있다.

그림 8-4 화농성 염증. 다수의 호중구가 관찰됨.

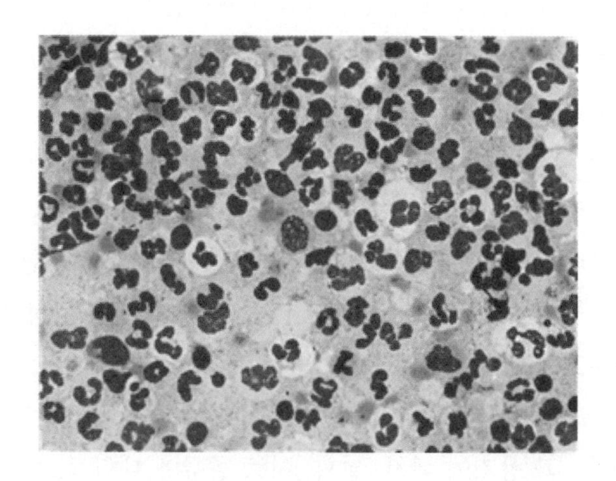

그림 8-5 화농육아종성 염증. 호중구와 대식구가 다수 관찰됨.

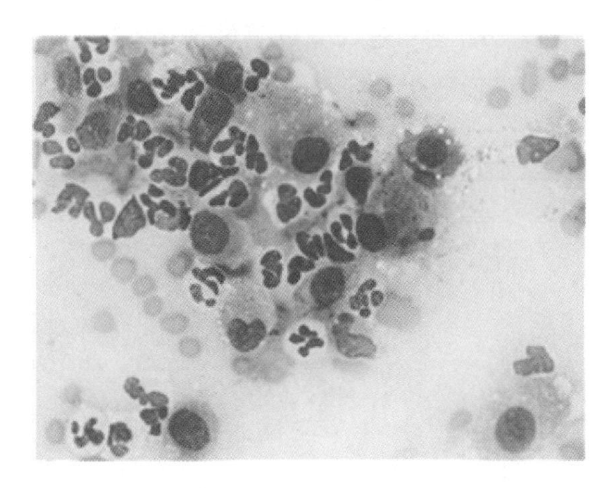

그림 8-6 호산구성 염증. 다수의 호산구가 관찰됨.

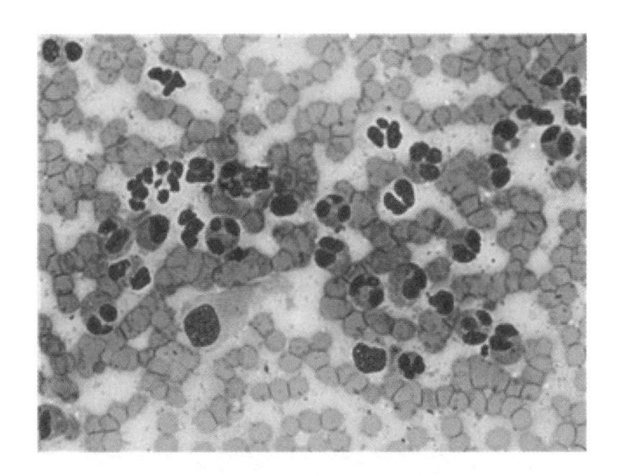

염증세포의 종류 및 비율을 관찰뿐만 아니라 호중구의 형태도 잘 관찰하여야 한다. 호중구의 핵농축(Pyknosis)은 호중구가 나이 들어 서서히 죽어가는 단계를 의미하며, 이때 핵은 보다 진하고 응축되어 있고 때로는 조각나 있기도 한다(핵파괴, Karyorrhexis). 퇴행성 호중구(Degenerative neutrophil)는 보통 감염성 염증일 때 관찰되며, 세균을 탐식하고 있는 모습도 관찰할 수 있다. 핵막의 변연이 분해되어 핵 안쪽으로 수분이 유입되고 이에 따라 핵의 염색성이 옅어져 다른 호중구에 비해 핵의

색이 옅고 염색질이 성긴 모양으로 관찰된다. 이런 경우에는 특히 호중구와 대식구를 면밀히 관찰하여 미생물을 탐식하고 있는지 확인한다. 대식구가 미생물뿐만 아니라 죽은 호중구나 적혈구를 탐식한 모습도 흔히 관찰된다.

그림 8-7 세균을 탐식한 호중구

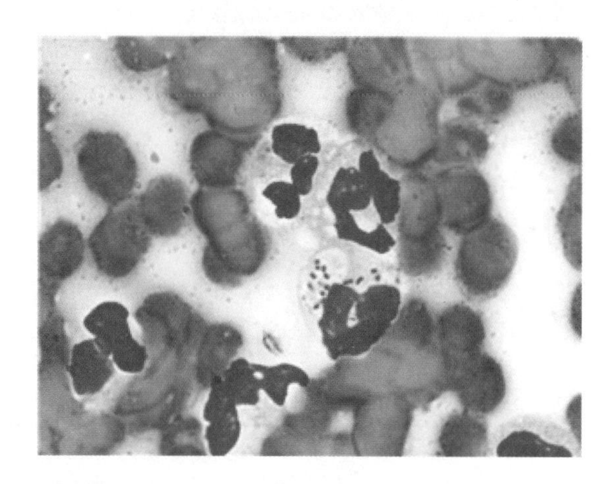

그림 8-8 적혈구를 탐식한 대식구

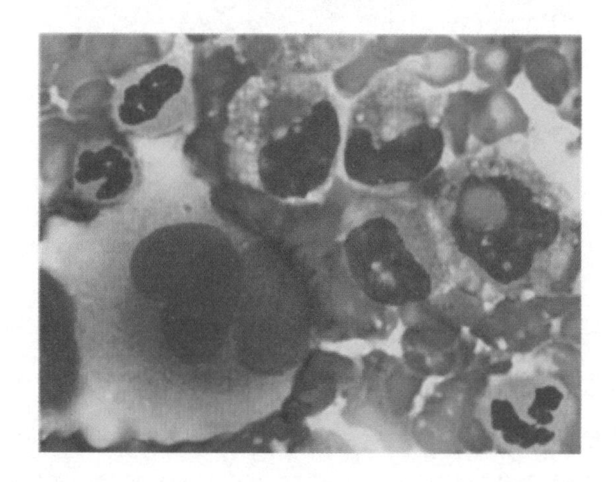

표 8-2 염증성 병변의 분류

화농성	화농육아종성	육아종성	호산구성
• 활발한 염증을 의미 • 비퇴행성 호중구: 혈액에서 관찰되는 호중구와 유사하게 관찰 • 퇴행성 호중구: 세균의 독소로 인해 핵막이 손상되어 죽어가는 호중구	• 호중구와 대식구가 혼재되어 관찰 • 대식구는 약 15~50% • 림프구가 소수 관찰되기도 함	• 대식구가 가장 많이 관찰(>50%) • 다핵세포(multinucleated cell)도 관찰	• 염증세포중 10~20%를 차지 • 다른 염증세포와 함께 나타남

■ 종양성 병변의 관찰

덩어리 병변에서 세포를 채취하여 염색한 후, 현미경으로 관찰하여 염증성 병변과 종양성 병변을 구별할 수 있다. 이미 앞서 언급한 염증세포가 주종(Predominant)을 이룬다면 염증성 병변임을 알 수 있지만, 그렇지 않다면 세포형태를 잘 관찰하여 어느 세포유래인지 확인할 수 있고, 정상세포인지, 과증식(Hyperplasia) 상태인지, 또는 종양성 변화를 보이는지 판단할 수 있다. 만약, 종양성 변화가 두드러진다면, 이러한 세포가 가지고 있는 여러 기준을 고려하여 양성, 악성 여부도 판단할 수 있다. 어떤 종양성 병변에서는 염증반응을 동반하여 종양 세포와 염증 세포가 함께 관찰되는 경우도 있다.

표 8-3 종양세포의 악성도 기준

평가기준	세포학적 특징
거대핵(megakaryosis or macro-)	핵 크기가 증가
핵 : 세포질 비율(N : C ratio) 증가	세포질의 양에 비해 핵의 크기가 증가
핵부동증(anisokaryosis)	핵의 크기가 다양함.
다핵화(multinucleation)	한 세포에 핵이 여러 개 가짐.
유사분열(mitotic figure) 증가	유사분열 빈도수가 증가
핵 찌그러짐(nuclear molding)	한 세포 내에서 하나의 핵이 다른 핵에 의해 눌리고 찌그러져 이상한 형태를 보이는 것
핵소체부동증(anisonucleosis)	핵소체(nucleoli)의 크기와 모양에 차이가 남.

종양성 병변에서 채취한 시료에는 대개 균일한 형태의 세포가 주를 이루는 경우가 많다. 이러한 주종 세포의 크기, 형태, 군집 양상 등을 관찰하여 세포의 유래(Origin)를 원형세포(Discrete round cell), 간엽세포(Mesenchymal cell), 상피세포(Epithelial ell)로 분류한다.

표 8-4 종양세포의 분류

세포 형태	특징	종류 또는 명명법
원형세포	• 세포 탈락이 잘됨. • 세포 단독으로 존재 • 작거나 중간 크기	조직구종(histiocytoma), 림프종(lymphoma), 비만세포종(mast cell tumor), 형질세포종(plasma cell tumor), 전염성 성병성 종양(transmissible venereal tumor)
간엽세포	• 세포 탈락이 잘 안 됨. • 세포 단독으로 존재 • 작거나 중간 크기 • 방추형의 모양 또는 세포에 꼬리 모양이 관찰됨.	• 양성(benign): ~종(~oma) • 악성(malignant): 육종(sarcoma)
상피세포	• 세포 탈락이 잘됨. • 덩어리나 시트(sheet) 형태로 존재 • 중간에서 큰 크기	• 양성(benign): 샘종(adenoma) • 악성(malignant): 암종(carcinoma) 또는 샘암종(adenocarcinoma)

그림 8-9 종양세포의 분류

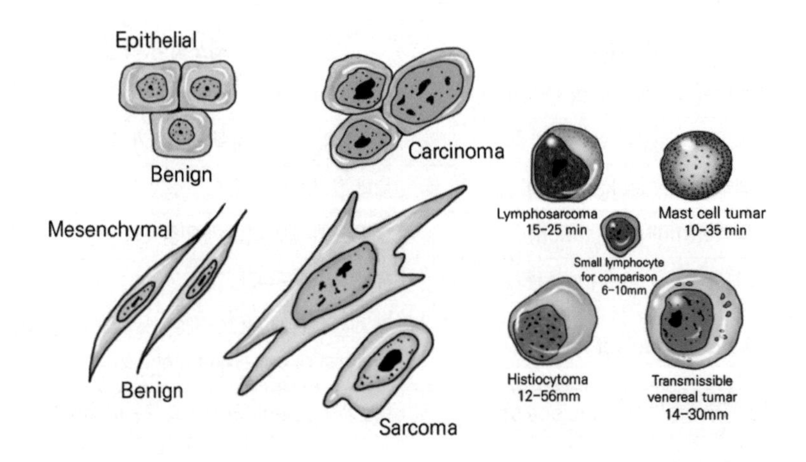

Chapter

09

키트를 이용한 진단과 실험실 의뢰

Chapter 09

키트를 이용한 진단과 실험실 의뢰

학습목표

- 반려동물 임상에 사용하는 신속 진단 키트의 종류를 알아보고, 원리를 이해할 수 있다.
- 제조사 매뉴얼에 따라 검체를 준비하고, 검사를 수행할 수 있다.

I 질병(전염병) 진단 키트의 원리의 이해

임상에서는 여러 가지 증상 및 징후를 포함하여, 여러 가지 진단기법을 통해 질병을 진단할 수 있다. 요즘에는 면역진단검사의 중요성이 증가하고 면역분석 기반 기술이 발전함에 따라, 검사 소요시간은 줄어들고, 민감도, 특이도, 검사 기법의 편이성 등은 향상되고 있다. 또한, 저렴하고, 육안으로 판독 가능한 일회용 신속 진단 키트들로 면역 상태의 진단, 평가뿐만 아니라 생식 및 대사 상태까지 확인할 수 있으며, 개, 고양이, 돼지, 말, 소, 조류에까지 다양한 품종별로 제공되고 있다.

면역진단 검사는 특정 질병(바이러스, 세균, 기생충 감염 등)에 대한 항체의 존재를 확인하는 검사이다. 항체는 면역체계가 바이러스, 박테리아 등의 병원체(항원)와 싸우기 위해 만드는 단백질이다. 병원체(항원)에 감염되면 몸에서는 해당 병원체를 표적으로 삼는 항체를 생성하고, 이 항체는 또 다른 감염이나 심각한 증상을 예방할 수 있다. 병원체에 감염되지 않았더라도, 자가면역질환으로 인해 생체 내 면역체계가 실수로 자신의 세포, 조직 및/또는 기관을 공격하는 경우 또는 예방접종으로 인해 생체 내 면역체계가 특정 병원체에 대한 항체를 생성할 수 있다. 그러므로, 혈청학적 검사는 질병에 대한 항체유무를 알 수 있으나, 항체가 현재 또는 과

거 감염에서 생겨난건지, 예방접종에 의한 것인지는 구분할 수 없다. 그러나, 특정 질병에 대한 예방접종을 받은 경우, 해당 백신이 충분한 보호 효과를 제공하는지 판단하는 데 도움을 줄 수 있다. 이들 진단검사를 위해 수행되는 검사법으로는 효소면역분석법(Enzyme-Linked Immunoassay, ELISA)과 면역크로마토그래피(Immunochromatography) 분석기법 등을 사용한다.

효소면역분석법(Enzyme-Linked Immunoassay, ELISA)

효소에 결합된 항원이나 항체를 사용하여 검체에 포함된 항체, 항원, 단백질 및 당단백질을 측정하기 위해 가장 많이 사용되는 면역학적 분석방법이다. 바이러스, 박테리아, 호르몬, 기생충과 같은 다양한 성분들을 확인할 수 있다. ELISA에는 다음 두 가지 방법이 있다. 항원-포착 ELISA(바이러스 단백질 검출)는 관심 있는 바이러스 단백질에 대한 고체 매트릭스에 포착 항체를 부착하는 것이다. 반면, 항체-포착 ELISA는 고체 매트릭스 표면에 바이러스 항원 단백질을 코팅하여, 검체의 특정 항체 수준을 측정하는 것이다. 일반적으로 ELISA는 피코몰에서 나노몰 범위(리터당 10-12 ~ 10-9몰)에서 상당히 적은 수의 단백질을 검출할 수 있는 매우 민감한 방법이다.

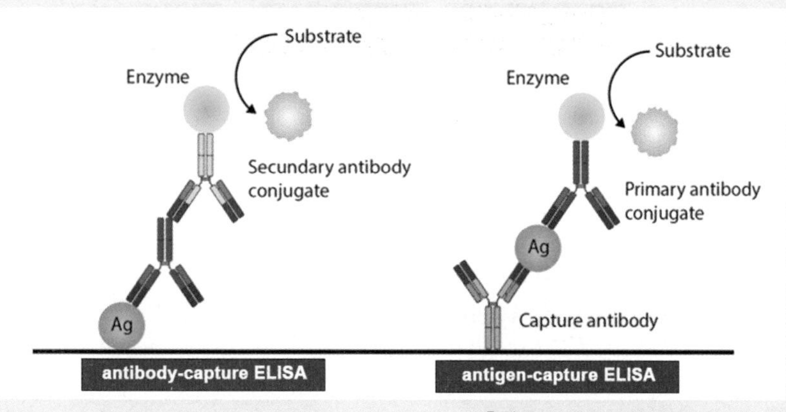

*출처: https://www.genemedi.net

면역크로마토그래피(Immunochromatography)

분석물질이 포함된 검체를 테스트 스트립에 떨어뜨려 질병을 확인하기 위한 검사 방법이다. 검체를 떨어뜨린 후 10~15분 안에 진단 결과를 얻을 수 있는 빠르고 간단한 기술이다. 검체는 특이적인 표지 항체가 있는 패드로 이동하여, 검체 내 항원이 존재한다면, 이 항체와 결합한다. 이 패드에는 검출할 항원에 비특이적인 표지된 항체(control)도 포함되어 있으므로, 양성 반응일 경우 대조선(control line)과 함께 검사선(test line)이 색선(color line)으로 표시된다. 면역크로마토그래피를 이용한 검사 결과는 대개 육안으로 판단할 수 있으며, 색선의 강도는 검체에 포함된 분석물질의 양에 비례하기 때문에 충분의 양의 검체를 떨어뜨리는 것이 좋다.

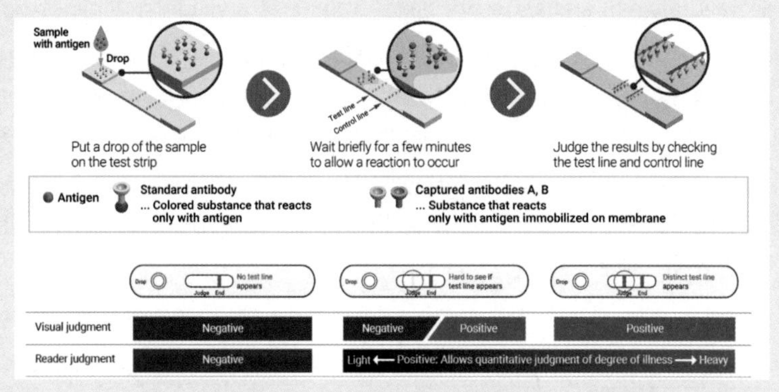

*출처: https://www.hamamatsu.com

II 진단 키트 샘플의 적용 및 결과 해석

현재 시중에는 혈청, 혈장, 항응고제 처리된 전혈 등을 이용한 다양한 종류의 신속 진단 키트가 사용되고 있으므로, 제조사의 매뉴얼에 따라 검사를 수행하여야 정확한 결과를 얻을 수 있다. 소동물 임상에서 흔히 사용하고 있는 신속 진단 키트는 다음과 같다.

1 개 심장사상충 항원

개의 심장사상충 항원에 대한 혈청학적 검사는 마이크로필라리아혈증검사보다 더 민감하며, 추가로 잠재적인 감염도 탐지할 수 있다. 심장사상충 항원은 감염 후 약 5개월에 처음으로 검출 가능하며 일반적으로 마이크로필라리아혈증보다 몇 주 먼저 나타난다. 사용 가능한 항원 검사 방법으로는 ELISA 및 면역크로마토그래피 등이 있다. 혈청, 혈장, 전혈을 사용하여 검사할 수 있으며, 진단 키트는 실온보관이 가능한 제품 또는 냉장 보관하고, 사용하기 전에 실온으로 꺼내야하는 제품 등 다양하게 사용되고 있다. 위양성 결과는 부적절한 세척이나 최적의 시간에 결과를 판독하지 못하는 등의 기술적 문제로 인해 가장 자주 발생하므로, 제조업체의 지침을 엄격히 준수해야 한다. 민감도는 감염된 사상충 수, 사상충의 성별(암컷 항원이 감지되므로 수컷만 감염 시 감지되지 않음) 및 암컷 벌레의 성숙도에 따라 다르다. 성충구제제 치료 후 6개월이 지나면 항원혈증은 감지되지 않는다. 그러나 일부 성충은 죽는데 한 달 이상 걸릴 수 있으므로, 치료 후 5~6개월에 항원 검사에서 양성이 나왔다고 해서 치료 실패를 의미하는 것은 아니다. 즉, 테스트는 2~3개월 후에 반복하도록 한다.

그림 9-1 심장사상충 키트 검사 방법

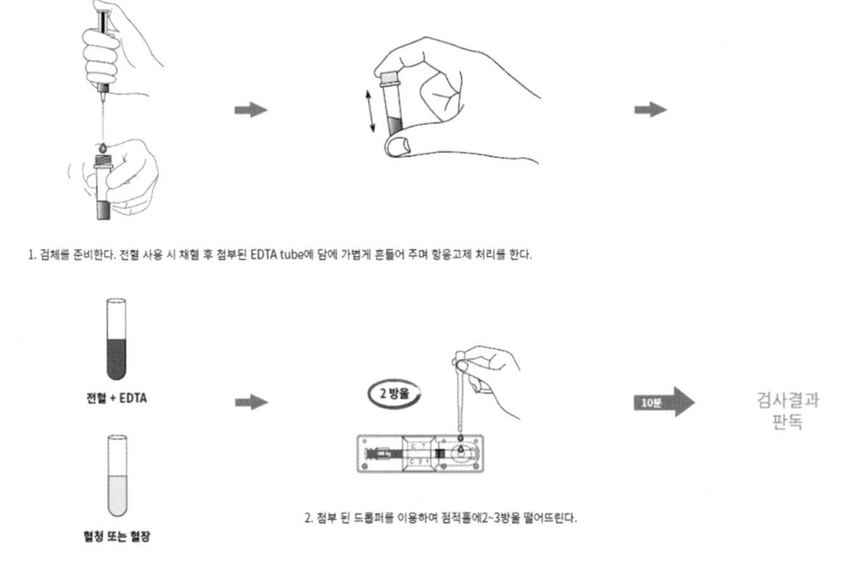

*출처: https://www.bionote.co.kr

① 음 성 : 대조선 (C) 위치에 한 밴드만 나타나는 경우

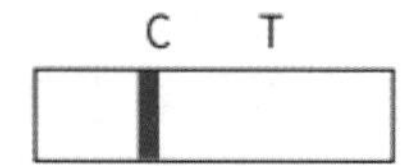

② 양 성 : 대조선 (C)과 검사선 (T) 위치에 두 밴드가 나타나는 경우

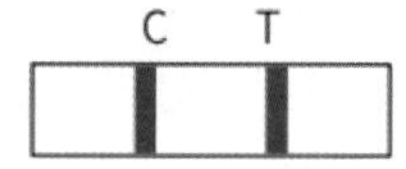

③ 재시험 : 어떠한 밴드도 나타나지 않는 경우 혹은 검사선에만 밴드가 나온 경우

C T C T

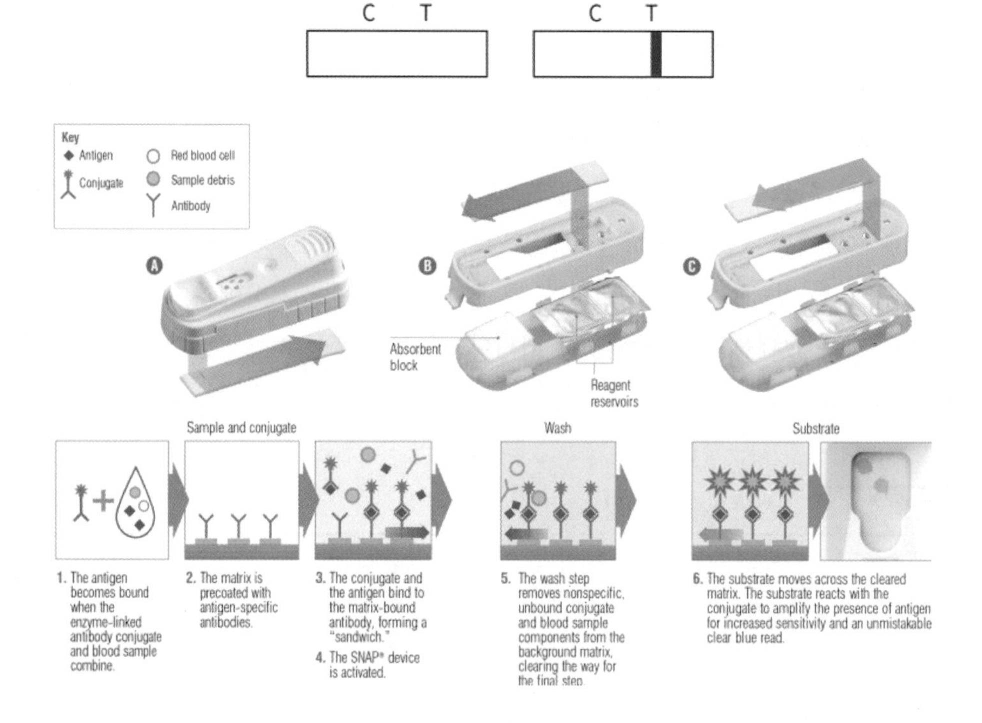

[SNAP 키트 원리]

1) 고정된 항체 conjugate와 혈액 샘플 내 항원과 결합

2) 키트 내부는 항원 특이항체가 코팅되어 있다.

3) 결합체와 conjugate가 샌드위치를 형성

4) SNAP 키트 활성화됨.

5) 반응결과를 명확하게 하기위해 세척과정을 통해 비특이적 결합은 제거됨.

6) 효소기질반응은 색으로 나타남.

*출처: Thomas P. O'Connor PhD., Volume 30, Issue 4, December 2015, Pages 132-138 Topics in Companion Animal Medicine

표 9-1 콜로이드 금형 측면 흐름 분석법과 SNAP 형식 분석법 비교

Comparison of SNAP Assay to Colloidal Gold Lateral-Flow Assay		
분석 단계	**콜로이드 금형 측면 흐름분석**	**SNAP 형식 분석**
세척 단계	없음	기질을 추가하기 전에 결합되지 않은 샘플과 반응하지 않은 접합체를 제거하는 세척단계 있음
흐름 방향	단방향 흐름	샘플과 세척 또는 기질의 양방향흐름(비특이적 발색 제거)
signal 생성 기전	금 입자 축적	효소 signal 증폭
발색	색 선	뚜렷한 점

2 고양이 심장사상충 항체 및 항원

일반적으로 고양이는 심장사상충 자충에 대한 강한 면역 반응을 나타내기 때문에, 자충의 생존시기가 짧고 혈액 내에서 찾기 어렵다. 개의 심장사상충 질환과 달리 감염된 심장사상충 성충의 수가 적고 크기도 작다(한두 마리만 감염되는 경우도 많음). 마이크로필라리아혈증은 고양이에서 드물지만, 심장사상충이 성충이 되기도 전에 급성으로 폐의 염증반응을 유발하며, 결과적으로 심각한 폐질환을 일으킬 수 있다. 이때 나타나는 증상은 천식이나, 알러지성 기관지염으로 오진하기 쉽다. 결과적으로 고양이에서 심장사상충 항원검사는 개에 비해 민감도가 50~80%로 낮은 편이다. 따라서 고양이에서 항원검사 결과 음성이라고 해서 심장사상충 감염을 완전히 배제할 수는 없다. 추가적으로 항체검사를 해볼 수 있지만, 항체검사 양성이라고 해도 현재 고양이 심장사상충 질환이 존재함을 의미하지 않는다. 고양이가 유충에 일시적으로 노출되면 항체를 생산이 자극되지만, 대다수 초기 감염은 저절로 나으며, 성체 심장사상충으로 성장하지 않는다. 심장사상충 항원과 항체에 대한 테스트를 조합하면 두 가지 테스트 방법을 단독으로 사용하는 것보다 훨씬 더 높은 민감도와 특이도를 얻을 수 있을 것이다. 고양이의 심장사상충 항원 및 항체를 검출하기 위한 테스트 키트는 현장 또는 혈청 샘플을 사용하는 여러 가지 형태로 시판되고 있다. 단일 검사 결과를 제공하는 제품에서부터 한꺼번에 여러 가지 검사 결과를 제공하는 제품에 이르기까지 다양하다.

그림 9-2 단일검사가 가능한 키트에서부터 여러 가지 검사가 동시에 가능한 진단 키트들

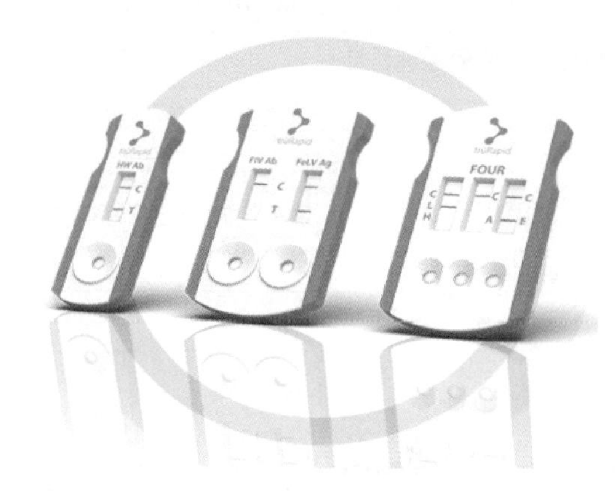

*출처: Bionote

그림 9-3 혈액 한 방울을 사용해 신속하게 결과를 얻을 수 있는 간단한 진단 키트

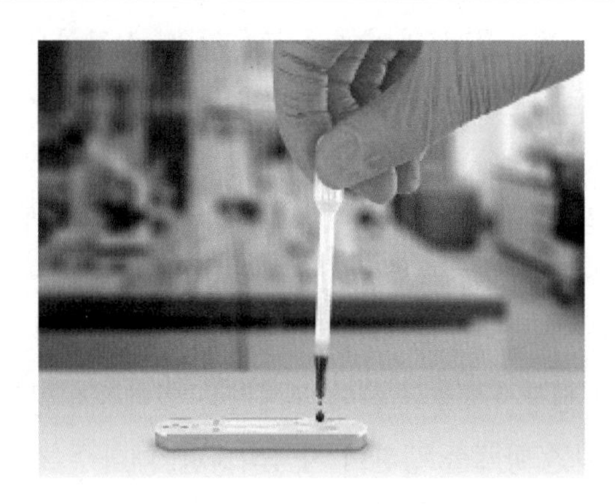

3 개와 고양이의 임신 진단 — Relaxin

암컷 개와 고양이에서 유일하게 알려진 임신 관련 호르몬은 수정란이 착상될 때 태반에서 생성되는 릴랙신(Relaxn)이다. 릴렉신은 수정 후 20~25일 정도에 혈장에서 검출된다. 가임신 또는 비임신 암컷 개와 고양이에서는 생성되지 않는다. 릴랙신 수치는 임신 약 40~50일에 최고조에 달하고 출산 시 감소하지만, 수유 중에는 최대 50일까지 검출될 수 있다. 릴랙신을 측정하기 위한 병원 내 테스트 키트에는 혈

청, 혈장 또는 전혈이 필요한 마이크로웰 ELISA 및 면역크로마토그래피검사로 특이성이 높다. 매우 작은 새끼를 낳은 일부 암컷 개나, 생존 불가능한 강아지를 한 마리 이상 키우는 암컷 개에서 위음성 결과가 보고된 바 있다.

4 개 및 고양이 황체형성 호르몬 – 배란 시기 및 난소절제술 상태

암컷 개의 혈청 황체형성 호르몬(LH)은 배란 직전에 급격히 증가하는 경우를 제외하면 일반적으로 매우 낮은 수준으로 존재한다. 배란은 이러한 LH 급증 후 2일에 발생하며 LH 수준은 정점 후 24~40시간 이내에 원래대로 돌아간다. 혈청 프로게스테론 수치는 LH 급증 시점에 상승하기 시작한다. 암컷 개는 LH 급증 후 4~7일 사이에 임신 가능하며, 가장 임신 가능성이 높은 시기는 5~6일이다. 또한 LH 급증에 따라 임신 기간이 결정되며 출산은 급증 후 64~66일 사이에 이루어진다. LH 급증은 발정 행동 시작 3일 전부터 5일 후까지 발생할 수 있으므로, 행동양상을 통해 확실하게 예측하기는 어렵다. LH 측정을 통한 배란 시기는 매일 검사가 필요하며, 일반적으로 질 세포검사를 기준으로 질 상피 세포의 50% 이상이 각질화될 때 시작된다. 종종 배란이 뒤따르지 않고 거짓 LH 급증이 나타날 수 있지만, 프로게스테론 증가가 보이지 않는다. 그러므로 가장 정확한 배란 감지를 위해서는 LH와 프로게스테론 모두를 검사해 보아야 한다. LH 농도가 증가하고 프로게스테론 수치가 증가하지 않으면, 발정 전 변동으로 간주되므로 배란 테스트를 계속해야 한다. 혈청 내 LH 농도를 측정하기 위해 현재 이용 가능한 병원 내 키트는 본질적으로 정성적이며, 혈청 수치가 < 1ng/mL이면 음성으로 판독되고 >1ng/mL이면 양성으로 간주된다. 이 테스트는 면역크로마토그래피 분석법을 사용한 것이다. 난소 절제술을 받은 암컷 개와 고양이의 혈청 농도는 LH >1ng/mL이다. 이 LH 농도는 곧 배란을 앞둔 임신하지 않은 암컷에서도 나타나기 때문에, 한 번의 높은 LH 농도는 생식 상태를 확인하지 못하지만 낮은 LH 농도는 난소가 절제되지 않은 동물을 나타낸다.

5 개 배란 시기 – 프로게스테론

혈청 프로게스테론은 LH 급증 이후 증가하기 시작하여 배란 전날 약간 증가하고 배란 당일에는 4~10ng/mL로 추가적으로 증가한다. 프로게스테론은 임신 기간이나 임신기간 동안 계속해서 증가하고 증가된 상태를 유지한다. 프로게스테론의 증가는

LH에 비해 더 일정하기 때문에 매일 검사할 필요는 없다. 테스트는 발정 후기에 시작하여 배란을 나타내는 높은 범위에 도달할 때까지 2~3일마다 계속하는 것이 좋다. 병원 내 프로게스테론 테스트를 위한 테스트 키트는 사용된 키트에 따라 지정된 배란 전 농도를 갖는 반정량적 ELISA검사법이다. 일부 키트는 두 가지 추가적인 프로게스테론 범위(중간 및 높음)를 제공하도록 설계되었지만 대부분의 키트는 배란 전 및 '배란일 이후' 수준만 표시한다. 다른 테스트 방법과 비교할 때 자체 테스트 키트는 정확성이 떨어지며, 특히 배란을 조기에 감지하는 데 관심이 있는 범위인 약 1.5~10ng/mL 범위에서 디욱 그렇다. 프로게스데론 수치가 높을수록 정확도가 더 높아진다. 앞서 언급한 것처럼, 가장 정확한 번식 관리를 위해서는 LH와 프로게스테론을 모두 측정하는 것이 좋다.

6 티록신(Thyroxine)

총 혈청 티록신(T4) 분석은 개의 갑상선 기능 저하증에 대한 선별검사 또는 고양이의 갑상선 기능 항진증에 대한 진단검사로 사용될 수 있다. 또한, 갑상선 기능 저하증 또는 갑상선 기능 항진증에 대한 치료를 모니터링할 때 T4 농도가 측정된다. 추가 장비를 사용하여 결과를 판독하는 내부 ELISA 테스트 키트는 개와 고양이 혈청의 T4 농도에 대한 반정량적 정보를 제공하지만, 일관된 결과를 얻기위해 고양이와 개의 혈청에서 T4 농도를 주기적으로 측정하는 것이 좋다. 아마도 티록신 측정을 위해서는 전문 실험실에 의뢰하는 것이 더 좋을 것이다. 총 T4 의 대부분(99%)이 혈액 내 단백질에 결합되어 있으므로, 생물학적으로 정확하게 측정하기 어렵다. 고양이와 개의 갑상선 기능을 확인하기 위해서 Free T4 검사 결과가 더 정확할 것이다.

7 개 파보바이러스(Canine Parvovirus, CPV)

대변에서 CPV 항원을 검출하기 위해 ELISA와 면역크로마토그래피 검사법을 모두 사용할 수 있다. 이 검사는 바이러스에 대해 매우 특이적이지만, 최근 예방접종을 받은 개는 진단 키트로 검출할 수 있는 항원을 일시적으로 배출할 수 있다. 그래서 민감도가 다소 낮다. 배설물에서 항원 배출은 감염 후 3~5일부터 시작하여 7~10일 동안만 발생하므로, 임상 징후가 있는 개에서 바이러스가 항상 감지되는 것은 아니다. 대변 내 혈액과 항원-항체 복합체의 형성, 혈액의 항체 또는 장에 존재하는 삼출물이 위음성 결과를 초래할 수 있다. 새로운 CPV2c 변종에 대한 민감도는 더욱 낮을 것이다. CPV 진단을 위한 진단 키트는 고양이에게 사용하도록 허가되지 않았지만, 여러 연구에 따르면 고양이 대변에서 고양이 범백혈구감소증 바이러스를 검출하는 데 사용할 수 있는 것으로 알려져 있다. 특이성과 민감도는 알려져 있지않다.

8 개 홍역바이러스(Canine Distemper Virus, CDV)

CDV에 대한 항체 측정을 위한 진단 키트는 일반적으로 개 파보바이러스 항체 진단키트와 함께 사용할 수 있다. 혈청 또는 혈장 내 개 홍역 IgG 항체에 대한 반정량적 ELISA검사법이다. 이는 재접종의 필요성을 평가하고 강아지에 존재하는 모체 항체 수준을 결정하는 데 사용될 수 있지만, 단독검사로 CDV 감염을 확진할 수는 없다. CDV 항원에 대한 면역크로마토그래피 기반 분석법이 개발되었으며, 특히 결막 면봉이 사용되는 검체인 경우 민감도와 특이성이 높으나, 혈액과 비강 면봉 검체의 경우 민감도와 특이도가 다소 낮다. 이 검사법을 이용한 진단 키트는 아직 상용화되지 않고 있다.

9 고양이 백혈병 바이러스(Feline Leukemia Virus, FeLV)

FeLV는 밀접 접촉이나 자궁 내 전염을 통해 수평으로 전염되는 발암성 레트로바이러스이다. 고양이에 감염되면, 림프육종(Lymphosarcoma), 골수성 백혈병(Myelogenous leukemia), 흉선 퇴행성 질환(Thymic degenerative disease), 범백혈구감소증 유사질환(Panleukopenia – like disease), 비재생성 빈혈(Non – regenerative anemia)등을 비롯한 다양한 종양성 및 비종양성 질환을 일으킬 수 있다. FeLV에 감염된 고양이는 면역이 억제되어, 2차 감염 및 기회 감염이 쉽게 일어난다. 따라서, FeLV에 대한 혈청학적 검사는 감염된 고양이를 식별하고 바이러스 전파를 예방하는 데 중요하다. 대부분의 진단 키트는 감염된 고양이 혈액 중 대량으로 생성되는 FeLV 특이단백질 p27을 검출하도록 설계되었다. 감염 후 항원이 검출되는 기간은 약 28~30일 이내이다. FeLV 예방접종 시 항원검사에서 양성반응이 나오지 않으며, 새끼 고양이에게 모체 유래 항체를 확인할 수 없을 것이다. 혈청, 혈장 또는 전혈 검사는 타액이나 눈물검사보다 더 신뢰도가 높으며, 대부분의 테스트 키트에는 양성 대조군과 음성 대조군이 키트에 포함되어 있으므로, 기술적인 문제를 배제할 수 있다. 음성 결과는 신뢰도가 매우 높지만, 질병 발병률이 낮은 고양이 집단에서는 용해성 항원검사에서 위양성 결과가 발생할 수 있다. 양성 결과는 일시적이거나 지속적인 바이러스혈증을 반영할 수 있으므로, 이 검사를 통해 확진을 할 수 없다. 특히 무증상 고양이의 경우, 다른 제조업체의 키트를 사용한 용해성 항원검사나 혈액이나 골수에 대한 면역형광항원검사와 같은 추가검사를 통해 양성 결과를 확인하도록 한다. 결과가 일치하지 않는 고양이는 60일 이내에 두 가지 테스트 방법을 사용하여 다시 테스트해야 하며 결과가 확실히 나올때까지 잠재적으로 감염성이 있는 것으로 간주한다.

10 고양이 면역결핍 바이러스(Feline Immunodeficiency Virus, FIV)

감염된 고양이의 혈액 내 FIV 항원 농도는 매우 낮기 때문에, 진단 키트는 항원보다는 항 FIV 항체를 검출하도록 설계되어있다. 진단 키트는 역가를 나타내기보다 항체유무(양성 또는 음성)를 알려준다. 항체는 일반적으로 감염 후 60일 이내에 생성되지만, 이 기간은 매우 가변적이며 일부 감염된 고양이에서는 검출 가능한 항체 수준이 되지 않을 수도 있다. 일단 체내 항체가 생성되면 2년 이상 존재하는 것으로 알려져 있다. 단, 모체에서 새끼 고양이로 이행된 항체는 일시적으로 검출이 가능하다. 따라서, 양성판정을 받은 6개월 미만의 새끼 고양이는 생후 6개월 이후 다시 검사를 해봐야 한다. 검사 결과가 여전히 양성이라면 새끼 고양이가 감염되었을 가능성이 높다. 현재 사용 가능한 ELISA 진단 키트는 민감도가 높지만, FIV 백신 접종에 반응하여 생성된 항체와 자연 감염에 의해 생성된 항체를 구별할 수 없다. 백신 접종에 반응하여 생성된 항체와 자연 감염에서 생성된 항체를 성공적으로 구별하는 것으로 보이는 ELISA 테스트가 개발되었지만, 아직까지 상용화되지 않았다. 즉, 음성결과는 고양이가 감염되지 않았음을 알리는 지표로 선별 테스트로 사용하는 것이 좋고, 만약 무증상 고양이라면, Western blot과 같은 다른 테스트를 통해 감염유무를 확인해야 한다. 예방접종을 받은 암컷 고양이에서 태어난 새끼 고양이는 항체 양성 반응을 보이며, 그 기간은 다양하다.

Chapter

10

특수동물의 임상병리

Chapter 10

특수동물의 임상병리

학습목표

- 페럿의 임상병리학적 검사 과정을 이해할 수 있다.
- 토끼의 임상병리학적 검사 과정을 이해할 수 있다.
- 햄스터의 임상병리학적 검사 과정을 이해할 수 있다.
- 기니피그의 임상병리학적 검사 과정을 이해할 수 있다.

I 페럿(Ferret)

1 개요

일반적으로 페럿에서는 혈액 및 소변과 같은 체액의 평가를 실시한다. 다른 특수동물 종에 비해, 페럿의 다양한 검체를 평가하는 과학적 참고 자료가 많이 존재하며 이를 이용할 수 있다. 페럿의 감염, 염증, 빈혈 또는 장기 기능 장애와 같은 질병 과정의 존재 여부를 결정하는 것을 포함하여 임상 병리학적 데이터를 얻기 위한 경로는 다양하다. 페럿에 대해 수행되는 가장 일반적인 검사에는 인슐린종을 평가하기 위한 혈당 검사, 부신 종양을 평가하기 위한 부신 패널, 감염, 염증 또는 림프종을 평가하기 위한 CBC(전혈구검사) 검사를 포함한다. 크기를 기준으로 페럿으로부터 유용한 샘플을 얻는 것은 상대적으로 쉽지만, 페럿의 임상 병리학적 데이터를 평가하는 데에는 제한된 샘플, 부분적인 정보 수집(전체 혈구수 평가) 등의 제한 사항이 있다. CBC는 감염을 나타낼 수 있지만 감염의 원인을 정확히 찾아낼 수 없거나 부신 패널의 경우 분석이 민감하지만 임상적으로 부정확하다. 검사 결과가 부신이 어떤 영향을 받았는지 나타나지 않으며, 대부분의 검사에는 전체 동물을 평가할 때 한계가 있으므로 다른 진단검사 및 치료법 선택이 필요할 수 있다.

2 검체 수집

이소플루란 흡입마취하에 페럿으로부터 수집한 혈액 샘플은 깨어 있을 때 채취한 페럿의 혈액학적 값에 비해 혈액학적 수치가 감소한다. 가장 기본적인 변화는 PCV가 36% 감소하지만 다른 수치도 감소한다. 채혈하는 동안 페럿의 주의를 분산시키기 위해 경구로 투여되는 설탕 함유 제품을 사용하면 혈당값이 다소 빨리 변하므로 혈당을 평가할 때 이러한 제품을 사용해서는 안된다. 이상적인 혈당 측정은 저혈당 유발을 예방하고 식후 고혈당증을 잘못 해석하는 것을 방지하기 위해 4시간 단식 후에 실시해야 한다. 채혈 30분 전에 천자부위에 국소 마취 크림을 바르면 샘플링이 용이해질 수 있다.

3 샘플 취급

경정맥, 위대정맥(Cranial Vena Cava), 외측복재정맥, 요골피부정맥은 페럿의 일반적인 정맥 천자 부위이다. 꼬리의 꼬리 동맥, 안와동 및 심근천자와 같은 다른 부위도 기술되어 있지만 통증, 조직의 강인성 또는 말기 시술의 일부로 사용하기 때문에 일반적인 진료에는 권장되지 않는다. 채혈부위를 선택할 때 원하는 샘플의 양에 따라 달라진다. 위대정맥, 경정맥, 측면 복재 정맥 및 요골피부정맥에서 순서대로 더 큰 것부터 더 작은 샘플량을 얻을 수 있다. 휴대용 혈당계를 사용하여 혈당 측정에 한 방울만 필요한 경우, 페럿에게 가장 쉬운 부위는 작은 표면 귓바퀴 정맥에 흠집을 내고 혈당계 스트립을 방울에 직접 적용하는 것이다. 느린 혈류로 인한 응고를 방지하기 위해 혈액을 채취하기 전에 주사기를 미리 헤파린 처리하는 경우도 있으며 리튬 헤파린이 아닌 나트륨 헤파린은 일부 테스트를 방해할 수 있으므로 혈액화학 분석기의 종류를 고려하여 사용해야 한다,

4 혈액 채취

페럿의 총 혈액량은 체중의 약 5%~7%이므로 약 750g의 암컷에 대한 혈액량은 40ml이고 1000g의 수컷에 대한 혈액량은 60ml이다. 일반적으로 건강한 동물의 경우 혈액량의 최대 10%를 제거하는 것이 안전하다. 따라서 건강한 750g 체중의 암컷

페럿에서는 최대 4.0ml, 건강한 1kg 체중의 수컷 페럿에서는 최대 6.0ml를 채혈할 수 있다. 그러나 많은 페럿 환자들은 정상 최대 채혈량보다 혈액 샘플량을 줄여야 한다. 또 다른 규칙은 단기간 동안 반복적인 샘플링을 피하기 위해 혈액량의 10%를 14일마다 채혈할 수 있다는 것이다. 대부분의 혈액학 및 생화학적 매개변수는 혈액 1~1.5ml로 평가할 수 있다. 백혈구 수의 총 추정치와 함께 슬라이드에 혈액 한 방울을 묻혀 감별을 수행할 수 있다. CBC를 평가하기 위한 대부분의 자동 계수기는 약 0.3ml의 혈액을 사용한다. 일부 혈액화학장비에서는 페럿에서 혈액 0.1~0.2ml에 대한 여러 생화학직 매개변수를 평가하는 데 사용할 수 있다. 대부분의 상업용(의뢰용) 실험실에서는 일반적인 생화학 패널을 실행하기 위해 약 0.3~0.5ml의 혈청 또는 혈장을 사용한다. 부신 패널은 최소 0.1ml의 혈청으로 시행할 수 있지만, 실험실에서는 0.3ml를 선호한다.

5 경정맥 채혈과 보정

일반적으로 진단 목적으로 채취한 중간 정도의 정맥 샘플(1~3ml)은 경정맥에서 채취할 수 있다. 경정맥 채혈을 위해 예민하고 경계하는 페럿을 성공적으로 보정하려면 인내와 경험이 필요하다. 경정맥 정맥 채혈 시 깨어 있는 페럿을 제지하기 위해 일부 정맥 채혈부위를 페럿을 테이블 위에 등을 대고 누운 상태로 수건으로 감싸거나 몸을 수직으로 매달아 문지른다. 경정맥은 두개골 또는 꼬리 방향으로 접근하는 반면, 채혈자는 흉부 입구에서 경정맥의 흐름을 일시적으로 차단한다. 또 다른 접근 방식은 고양이의 경정맥 채혈과 마찬가지로 목과 다리를 테이블 가장자리 위로 쭉 뻗은 채 페럿을 보정하는 것이다. 정맥 천자에는 1ml, 3ml 주사기와 25g, 23g, 22g(게이지) 바늘을 사용할 수 있다. 경정맥의 정맥 천자는 혈관이 일반적으로 만져지거나 보이지 않기 때문에 종종 눈에 띄지 않는다. 페럿의 피부는 놀라울 정도로 단단하기 때문에 피부에 구멍을 뚫으려면 예상보다 더 많은 힘이 필요하다. 정맥은 일반적으로 표면에 있으므로 약 30%의 얕은 각도를 사용하여 경정맥에 접근한다. 바늘로 정맥을 뚫는 데 충분한 힘이 사용되지 않으면 정맥이 옆으로 굴러갈 수 있다(옆으로 빗겨갈 수 있다). 정맥 천자에 일반적으로 사용되는 방법은 바늘을 목에 강제로 밀어 넣은 다음 나올 때까지 흡인하면서 바늘을 천천히 빼낸 다음 바늘을 더 적합한 다른 위치로 강제로 밀어 넣고 반복한다. 혈류는 느리고 바늘을 제자리에 돌리면 정맥벽에 흡입된 경사면이 빠질 수 있지만 일반적으로 바늘 위치를 변경해도 흐름이 증가하지 않는다. 머리를 납작하게 만들고 경정맥을 시각화하기 위해 간단한 알코올을 바르는 경우에는 일반적으로 목 면도를 하지 않지만 더 나은 시각화를 위해 필요한 경우 털을 면도할 수 있다.

그림 10-1 측면 경정맥 정맥 천자에 대한 보정

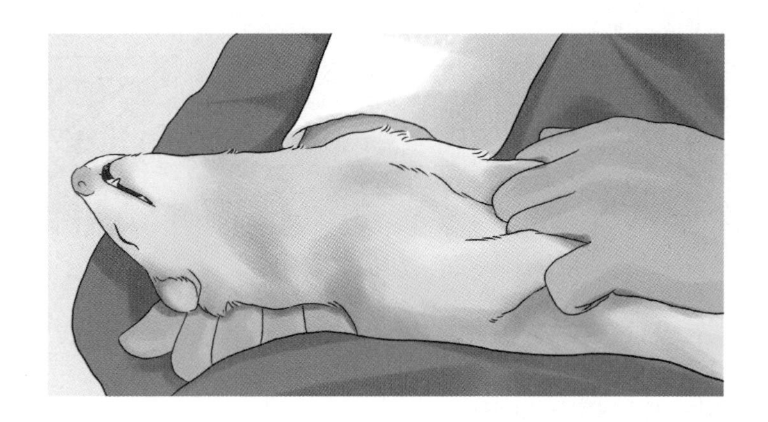

6 외측복재정맥 채혈과 보정

측면 복재 정맥이 일반적으로 사용되며 유용한 샘플을 제공할 수 있지만 일반적으로 정맥 붕괴로 인해 샘플 용량이 경정맥에서 얻은 것보다 적다. 휴대용 장치로 혈당을 재검사하기 위한 더 작은 샘플(<1 ml)은 측면 복재 정맥에서 채취할 수 있다. 25g 바늘과 1cm 주사기를 사용하면 정맥 허탈(정맥이 무너지는 현상)을 예방하는 데 도움이 된다. 페럿의 뒷다리가 테이블 가장자리에 걸리도록 고정할 수 있으며, 홀더는 일시적으로 정맥을 막는 동시에 무릎을 고정된 확장 위치로 유지할 수 있다. 그런 다음 채혈자는 혈액을 채취하는 동안 발을 잡고 다리를 고정할 수 있다. 외측복재 정맥은 외측 족근 부위 위로 흐른다.

그림 10-2 페럿의 측면 복재 정맥 천자를 위한 접근

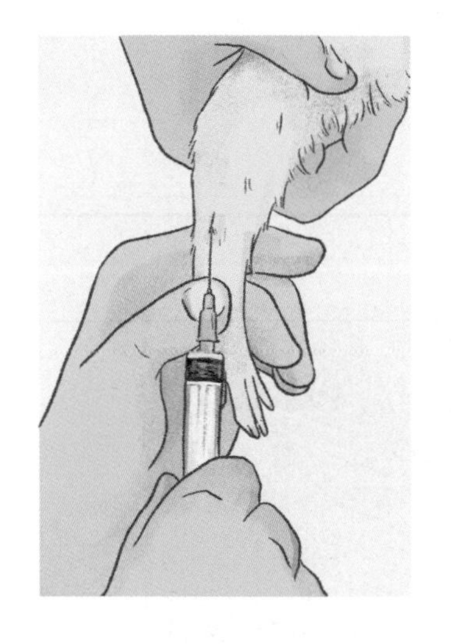

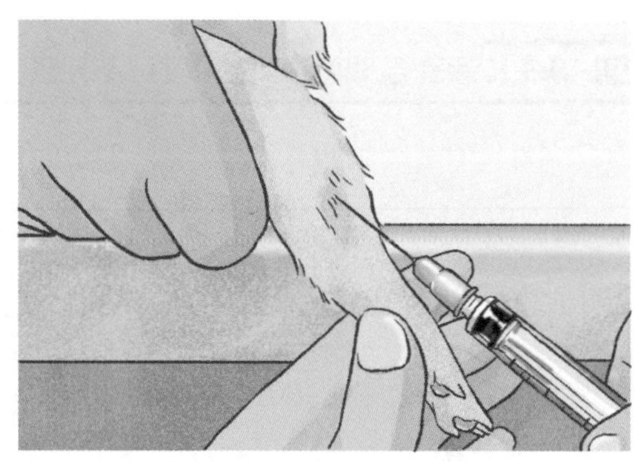

7 요골피부정맥 채혈과 보정

요골피부정맥은 정맥 천자에 사용될 수 있지만 일반적으로 두부 카테터 배치를 위해 또는 적은 양의 샘플로 충분할 때 이용되는 작은 정맥이다. 이 혈관은 개처럼 내측 전완을 따라 흐르지만, 정맥이 파열될 수 있기 때문에 일반적으로 정맥 채혈 중에 정맥을 굴리거나 정상 위치에서 움직이지 않는다. 국소 마취제를 사용하면 25g 바늘을 사용한 개방형 수집, 허브로의 모세관 흐름, 헤파린 처리된 적혈구용적률 튜브를 사용한 바늘 허브에서 수집과 마찬가지로 이 용기에서 샘플링을 용이하게 할 수 있습니다. 그런 다음 샘플을 휴대용 분석기에서 백혈구 수(WBC) 추정, PCV/TS 측정 및 혈당 측정에 사용할 수 있다.

8 위대정맥(Cranial Vena Cava) 채혈과 보정

두개대정맥 또는 근처의 팔머리 몸통에서 채혈하는 것은 아직 깨어 있거니 진정제 또는 마취된 페럿의 일상적인 채혈 방법이다. 수혈 목적으로 많은 양(4~10ml)을 채취하는 것이 혈전 발생을 최소화하기 위해 두개대정맥에서 채취하는 것이 가장 좋다. 수혈 목적으로 많은 양(≥4ml)의 혈액이 급히 필요한 경우 마취된 페럿에게만 이 방법을 수행하는 것이 좋다. 이 절차는 깨어 있거나 진정된 페럿에게 사용될 수

있지만, 절차 중 원치 않는 움직임과 대혈관 손상을 방지하기 위해 마취가 권장된다. 이 과정에서 움직임을 방지하기 위해 페럿을 적절하게 보정해야 한다. 25g 바늘을 첫 번째 갈비뼈와 흉골 사이의 흉강 입구에 삽입하고 반대쪽 뒷다리를 향해 45° 각도로 배치한다. 혈관은 상대적으로 얕기 때문에 피부를 통과한 후 음압을 가하면 대개 주사기로 혈액이 잘 흐르게 된다. 환자가 움직이면 즉시 흉부에서 바늘을 제거하고 시술을 중단해야 한다.

9 꼬리동맥 채혈과 보정

동맥 샘플링은 복부 정중선의 꼬리 꼬리 동맥에서 수행할 수 있지만 이 방법은 고통스럽기 때문에 마취하에 수행하거나 정맥 절개 30분 전에 국소적으로 리도카인 또는 프릴로카인 크림을 발라야 한다. 또한 동맥이므로 혈종이나 출혈을 예방하기 위해 이후 반드시 2~3분간 지압을 가해야 한다. 꼬리의 복부 정중선을 따라 항문에 꼬리 약 3~4cm, 깊이가 약 2~3mm인 25g 바늘을 삽입하여 뒤쪽 꼬리 동맥에 접근한다.

10 카테터에서 샘플링

카테터에서 혈액을 채취하는 경우에는 헤파린 처리된(5U/ml 헤파린 처리 식염수 약 1~1.5ml) 주사기를 사용하여 카테터에서 약 1ml의 혈액을 제거한 후 별도의 주사기를 사용하여 샘플을 제거하고 첫 번째 밀리리터를 교체해야 한다.

11 요채취

요샘플은 방광천자, 프리캐치 또는 요도 카테터를 통해 채취할 수 있다. 빈 샘플을 얻기 위해 부드러운 수동 유축을 사용할 수 있다. 공극이 있는 샘플은 비흡수성 물질이 담긴 쓰레기통에 수집하거나, 얕은 용기에 담거나, 깨끗한 표면에서 수집할 수도 있다. 방광천자는 일반적으로 상대적으로 얇은 방광벽을 손상시키지 않기 위해 1~3ml 주사기에 부착된 25g 이하의 바늘을 사용하여 마취된 페럿에서 실시한다. 방광은 일반적으로 두개골에서 골반까지 몇 cm 떨어진 곳에서 쉽게 만져질 수 있다. 검체가 박테리아로 오염되면 소변 배양이 부정확해진다는 단점이 있으며 '깨끗한' 검체는 여전히 소변검사에 사용될 수 있다. 때로는 페럿의 에피네프린 매개 방광 수축으로 인해 취급 스트레스로 인해 페럿이 소변을 볼 수도 있다. 요도 카테터 삽입은 3.0~3.5 프렌치 레드 고무 또는 실리콘 카테터를 사용하여 수컷 페럿에게 수행할 수 있으나 요도 카테터 배치와 관련된 외상으로 인해 혈액이 소변 샘플에 유입될 수 있다. 탐침을 제거한 22g 경정맥 카테터도 사용할 수 있지만 이보다 단단한 카테터로 인해 외상이 발생할 수 있으므로 주의해야 한다. 복부 요도 개구부는 분홍색 음경 조직의 말단부에 있으며, 요도 입구가 명확하지 않다. 암컷 페럿은 카테터 삽입이 더 어려울 수 있다. 요도 개구부는 전정 복부 표면의 음핵와에서 약 1cm 떨어진 곳에서 직접 관찰할 수 있이야 한다. 처치 부위는 무균적으로 준비되고 동물보건사는 음경을 노출시킨다. 페럿의 음경은 분홍색 음경 조직 너머로 뻗어 있고 말단쪽으로 휘어져 있다. 요도 개구부는 흰색 음경 음경과 말단부의 분홍색 근육 조직이 만나는 복부 표면에 위치하며 요도 입구는 일반적으로 조직과 같은 높이에 있고 전진하는 카테터에 의해 쉽게 열리지 않기 때문에 조심스럽게 25g 바늘이나 뭉툭한 25g 비루 캐뉼라를 사용하여 요도 입구를 들어올린다. 미리 측정된 카테터를 요도에 역방향으로 배치한 후 봉합하고 몸에 테이프로 고정한다. 카테터가 씹히거나 비틀어지는지 주의하여야 한다. 부신 질환에 따른 전립선 비대증으로 인해 요로 유출이 막힌 일부 수컷 페럿의 경우 요도 카테터 삽입이 불가능할 수 있다는 점에 유의해야 한다. 질병이 있거나 손상된 요도에 카테터를 삽입하려는 과도한 노력은 요도 열상 및 천공을 초래할 수 있다. 상행성 복막염은 수컷 페럿의 부신 질환 및 전립선 비대와 관련된 심각하고 생명을 위협하는 합병증을 초래할 수 있다.

II 토끼

1 개요

토끼는 반려동물로 점점 인기를 얻고 있다. 이러한 인기에 힘입어 반려동물 주인들은 개와 고양이와 같은 수준의 진단 조사와 의학적 치료를 요구하고 있다. 사냥감이 되는 종(피식자)이기 때문에 토끼는 본능적으로 질병의 증상을 숨긴다. 따라서 임상병리학은 질병을 진단하는 데 특히 중요하다. 진단 샘플 수집 및 결과 해석은 이장에서 논의된 바와 같이 다른 반려종과 비교하여 토끼에서 다르다. 많은 동물 실험실에서는 토끼의 샘플을 받아들이지만 반려 토끼에 대해 공개된 데이터는 거의 없다. 토끼는 오랫동안 실험실 연구에 사용되어 왔으며 대부분의 참고 값은 실험실 종에서 수집한 결과를 기반으로 한다. 참고 구간 개발에 사용된 실험 동물 집단은 동일한 품종, 종종 동일한 성별이었고 동일한 사육 조건과 식이에서 사육되었다. 사육 및 품종은 실험실 동물과 다르게 반려동물용 토끼의 임상병리학적 데이터에 영향을 미칠 수 있다. 토끼 혈액 매개변수에 대해 대부분 공개된 참고 구간은 그룹이 동일한 조건에서 유지되는 실험실 또는 생산 동물을 기반으로 한다.

2 검체 수집

■ 보정

토끼의 경우 보정 중에 가해지는 스트레스 수준은 매우 중요한 고려 사항이다. 피식자 종이기 때문에 토끼는 동물병원과 같은 익숙하지 않은 환경에서 쉽게 겁을 먹고 카테콜아민 과분비로 반응할 수 있다. 심각한 스트레스 상황에서는 카테콜아민의 방출로 인해 심장 마비가 발생할 수 있다. 토끼는 가벼운 골격을 가지고 있지만 척추 부상을 입기 쉬운 강력한 뒷다리를 가지고 있으므로 적절한 보정이 필수적이다. 몸의 앞쪽 절반은 단단히 고정되어 있지만 뒷다리로 차는 것이 가능하다면 부상이 발생할 가능성이 가장 높다. 눈을 가리면 동물의 긴장이 풀릴 수 있다. 다루기 힘들거나 통증이 있는 토끼의 경우, 정맥 천자 및 기타 검체 수집을 용이하게 하기 위해 진정제나 마취를 고려해야 한다. 일반적으로 미다졸람과 부프레노르핀의 조합으로 충분하지만, 특히 다루기 힘든 일부 동물이나 요도 카테터 삽입과 같은 보다 침습적인 샘플 수집을 위해 일부 토끼에는 이소플루란 또는 세보플루란 가스를 추가로 투여해야 할 수도 있다. 토끼의 경우 구토 및/또는 흡인을 피하기 위해 마취 또는 진정 전에 금식할 필요는 없지만, 입과 구강인두의 물질을 줄이고 명확한 호흡 경로의 가능성을 높이기 위해 음식과 물을 금하는 것이 권장된다.

그림 10-3 토끼의 외측복재 정맥 천자를 위한 보정 방법

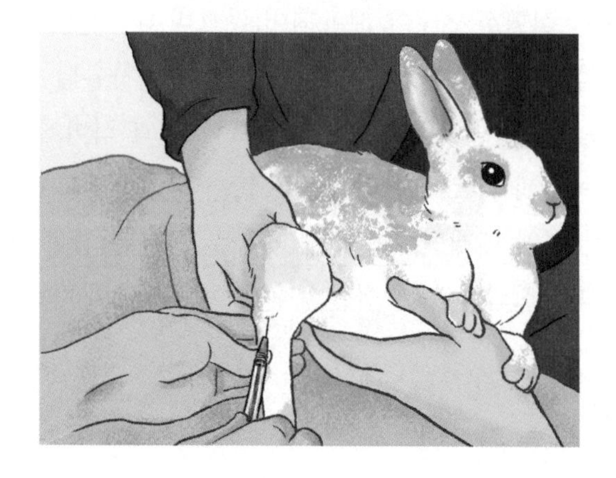

3 정맥 천자 부위 및 위치

바람직한 정맥 천자 부위로는 측면 복재 정맥, 두부 정맥 및 경정맥이 있다. 많은 인기 있는 품종(드워프 종)은 크기가 작기 때문에 정맥 천자가 어려울 수 있다. 위치를 쉽게 찾을 수 있고 환자에게 최소한의 스트레스와 불편을 주면서 접근할 수 있는 측면 복재 정맥을 선호한다. 측면 복재 정맥에 접근하기 위해 토끼는 머리를 구속 장치의 팔꿈치와 몸 사이에 집어넣고 누운 자세로 보정된다. 뒷다리는 확장되고, 무릎관절 근위부의 다리를 둘러싸 혈관을 폐쇄한다. 또는 토끼의 다리를 테이블 뒤쪽으로 뻗은 상태로 복부 누운 자세로 고정할 수도 있다. 정맥은 피상적이며 모피를 알코올로 적신 후에 관찰할 수 있다. 필요한 경우 정맥 위에 있는 털을 뽑거나 잘라낼 수 있다. 정맥은 경골 중앙 부위의 대략 정중선을 따라 흐르다가 후퇴관절 수준에서 꼬리 방향으로 휘어지는 것이 가장 잘 보인다. 1 또는 3ml 주사기와 25게이지(g) 바늘을 사용하여 천천히 혈액을 수집하여 정맥이 무너지는 것을 방지한다. 혈종 형성은 채취 후 흔히 발생하며 임시 압력 랩을 적용하여 최소화할 수 있다. 두부 정맥은 혈종 형성이 흔하기 때문에 덜 선호되며, 이 정맥은 일반적으로 유치 카테터 배치를 위해 남겨 둔다. 두부 정맥에 접근하기 위한 보정은 다른 작은 포유류의 보정과 유사하다. 토끼를 흉골로 눕히고 팔꿈치로 팔다리를 감싸 혈관을 막는다. 작은 품종의 토끼에서는 짧은 전완골로 인해 정맥 폐색이 어려울 수 있다. 필요에 따라

알코올을 적시고, 뽑거나 면도하여 확인한다. 더 큰 혈액 샘플이 필요한 경우 경정맥을 사용할 수 있다. 그러나 진정되지 않은 환자의 보정을 위해서는 머리를 위쪽으로 확장해야 한다. 이러한 머리 위치는 호흡 곤란을 유발하거나 기존 호흡기 질환이 있거나 심한 스트레스를 받는 토끼의 호흡 정지를 초래할 수 있다. 토끼는 일반적으로 연구개의 등쪽에 후두개가 위치하는 완전한 비강 호흡이기 때문에 머리를 위쪽으로 확장하면 후두개 위치가 변경되어 호흡곤란이 발생할 수 있다. 또한, 암컷 토끼의 큰 처짐이나 비만 토끼의 피하 지방으로 인해 정맥을 찾는 것이 어려울 수 있다. 그러나 혈관의 해부학적 구조와 토끼의 내경정맥의 크기가 작은 점을 고려하면 비슷한 크기의 고양이에 비해 외경정맥의 크기가 상당히 크다. 진정되지 않은 토끼의 경정맥에서 채혈은 고양이와 유사한 방식으로 수행되며, 토끼를 테이블 가장자리에 고정하고 머리를 위로 뻗고 앞다리를 아래로 당긴다. 대안으로, 진정된 토끼를 테이블 가장자리에 등을 대고 누운 자세로 앞다리를 꼬리쪽으로 당기고 머리를 바닥 쪽으로 약간 기울인 상태로 고정할 수도 있다. 귀 가장자리 정맥과 중앙 귀 동맥은 대형 품종의 애완용 토끼에서 혈액을 수집하는 데 사용될 수 있으며 일반적으로 실험실 환경에서 사용된다. 작은 품종, 짧은 귀 품종 또는 기타 반려동물 토끼의 경우, 귀에 멍이 들고, 혈관의 혈전증과 그에 따른 무혈성 괴사 및 피부 벗겨짐이 발생할 수 있으므로 이 부위를 피해야한다. 실험실 토끼, 특히 뉴질랜드 흰토끼는 쉽게 시각화할 수 있는 큰 귀와 혈관을 가지고 있으며 피하출혈의 미용적 측면은 덜 우려되므로 이 부위 채혈을 실험실 환경에 더 적합하다. 정맥 천자 30분 전에 해당 부위에 국소 마취 크림을 바르면 환자의 움직임과 그에 따른 정맥 열상을 최소화하여 채혈하는 데 도움이 되며 환자를 단단히 묶고 수건으로 감싸야 한다.

귀에 알코올을 바르면 말초 혈관이 수축되어 접근이 어려워지므로 피해야 한다. 필요한 경우 모피를 뽑거나 면도할 수 있다. 채혈 전 따뜻한 수건, 쌀양말, 검사용 장갑으로 만든 따뜻한 물주머니로 귀를 따뜻하게 하면 혈관이 확장된다. 귀를 안정시키기 위해 귓바퀴 아래에 온열 장치를 위치시킨다. 귓바퀴 주변을 따라 이어지는 가장자리 정맥에 접근하려면 25~26게이지를 삽입한다. 정맥 옆 피부를 통해 주사한 다음 정맥 자체에 주사하여 혈종 형성을 최소화한다.

토끼의 크기에 따라 이 정맥에서 0.5~5ml를 채취할 수 있다. 중앙 귀 동맥은 접근하기 쉽지만 혈종이 형성되기 쉬우며 이 부위 채혈 시에는 진정제나 마취가 권장된다. 크거나 거대한 품종의 경우 21~22게이지 바늘을 사용한다. 나비형 카테터는 최대 30~40ml의 혈액을 수집하는 데 사용할 수 있다. 동맥은 표면에 있으므로 귓바퀴를 부드럽게 견인하면 혈관이 안정화되며 동맥에 근위 방향으로 원위로 바늘을 삽입한다. 바늘을 빼낸 후 혈종이 생기지 않도록 정맥 천자 부위를 몇 분 동안 강하게 눌러야 한다.

4 최대 안전 샘플량

토끼의 크기는 드워프 품종의 경우 1~2kg, 플랑드르 자이언트와 같은 대형 품종의 경우 10kg 이상까지 다양하다. 총 혈액량은 전체 체중의 4.5%~8.1%, 즉 약 57~78ml/kg이다. 건강한 토끼로부터 혈액량의 최대 6~10%, 즉 3.3~6.5ml/kg을 안전하게 수집할 수 있다. 토끼는 적혈구를 빠르게 재생하며, 실험실의 뉴질랜드 화이트 토끼는 부작용 없이 일주일에 6~8ml/kg까지 반복적으로 채혈할 수 있다.

5 샘플 취급

토끼의 적혈구는 쉽게 용해되고 토끼의 혈액은 실온에서 빠르게 응고된다. 샘플 수집은 주로 23~25g게이지 바늘 및 1~3m 주사기가 부착된 바늘을 사용한다. 더 큰 주사기는 정맥을 파열시킬 수 있다. 수집 튜브로 옮기는 동안 용혈을 방지하려면 샘플을 튜브에 추가하기 전에 수집에 사용된 바늘을 제거한다. 용혈은 혈청 칼륨을 증가시킬 수 있으며, 적혈구 방출로 인해 인 농도가 인위적으로 증가할 수 있다. 응고는 젖산탈수소효소(LDH), 아스파르테이트 트랜스아미나제(AST), 크레아티닌 키나아제, 총 단백질, 칼륨을 인위적으로 증가시킬 수 있고 혈액학 결과에 영향을 미칠 수 있다.

응고를 방지하기 위해 바늘과 주사기에 소량을 흡입한 다음 다시 병으로 배출하여 바늘과 주사기에 헤파린을 코팅할 수 있다. 바늘을 분리하고 주사기에 공기를 채운 다음 바늘에 남아 있는 헤파린을 강제로 배출한다. 남은 소량의 헤파린은 혈액학적 매개변수에 영향을 주지 않는다. 항응고제와의 접촉으로 인한 세포 형태의 인공적인 변화를 방지하려면 수동으로 세포 수를 계산하기 위해 정맥 천자 시 몇 차례 공기 건조 혈액 도말검사를 한다. 토끼 적혈구는 크기가 작고 직경이 다양하기 때문에 일부 자동 유세포 분석기에서는 문제가 발생할 수 있으며 수동으로 세포 수를 계산하는 것이 더 정확할 수 있다. 전체 혈액 세포(CBC) 수를 계산하기 위해 남은 혈액을 에틸렌디아민 에테트라아세트산(EDTA) 튜브에 넣고 생화학적 분석을 위해 빨간색 상단 또는 리튬 헤파린 튜브에 넣는다. 소량의 혈액만 채취하는 경우 하나의 리튬헤파린 튜브를 CBC 및 생화학적 평가에 모두 사용할 수 있다. 상온에서 최대 48시간 동안 보관하면 EDTA로 보존된 혈액 샘플에서 CBC에 대한 적절한 데이터를 얻을 수 있다.

6 요검사

■ 요채취

소변은 프리캐치(Free catch), 방광천자 또는 카테터 삽입을 통해 수집될 수 있다. 멸균 샘플이 필요하지 않은 경우 프리캐치가 적합하다. 두개골에서 꼬리 방향으로 방광을 가볍게 누르면 대개 소변이 나온다. 배변 훈련을 받은 애완용 토끼는 일반적으로 빈 배변 상자나 비흡수성 물질이 들어 있는 배변 상자에 가두어 소변을 얻을 수 있다. 실험실 환경에서는 정량적 소변 수집을 위해 시중에서 판매되는 대사 케이지를 사용할 수 있다. 방광천자는 박테리아 배양에 필요한 멸균 샘플을 수집할 때 실시된다. 방광은 골반 가장자리 바로 앞쪽에 위치한다. 블라인드 방광천자는 방광의 약간 뒤쪽에 위치한 크고 얇은 벽의 맹장을 피해야 하기 때문에 가급적 피해야 한다. 토끼가 갑자기 움직이거나 방광천자 전에 방광이 명확하게 식별되지 않으면 부주의한 열상이나 맹장 천공이 발생할 수 있기 때문이다. 존재하는 소변의 양에 따라 방광이 이완되고 촉진하기 어려울 수 있다. 방광을 확실하게 식별할 수 없고 촉진을 통해 고정할 수 없는 경우 초음파를 사용해야 한다. 샘플을 얻으려면 토끼를 수건으로 단단히 감싸고 등을 눕힌 다음 수건을 뒤로 당겨 복부를 노출시킨다. 촉진으로 방광이 확인되면 엄지손가락과 집게손가락으로 방광을 잡아 고정시킨다. 25게이지 1인치 바늘을 사용하여 3~6ml 주사기가 부착된 방광에서 소변을 흡인한다. 요도 카테터 삽입을 통한 소변 수집은 수컷이나 암컷 토끼의 요도 입구가 무균 상태가 아니기 때문에 권장되지 않는다. 또한, 카테터를 삽입하면 세균성 요로 감염의 위험이 있고 세균 배양을 위한 샘플이 오염될 수 있다. 토끼는 진정되어야 하며 이 절차를 위해 마취가 필요할 수 있다. 대부분의 토끼에게는 멸균되고 윤활제를 도포한 9프렌치 카테터가 적합하다. 수컷은 일반적으로 음경을 돌출시키기 위해 앉은 자세로 보정한다. 암컷의 요도는 질 바닥에 위치하며 토끼가 흉골을 눕힌 상태에서 접근할 수 있다.

7 검사의 임상병리학적 해석

토끼가 매일 생산하는 평균 소변량은 130ml/kg/일(범위 20~350ml/kg/일)이다. 색상은 식단에 따라 연한 노란색에서 주황색 또는 적갈색까지 다양하게 나타난다. 식물성 포르피린 색소는 건강한 토끼 소변의 붉은색을 나타내며, 그 색깔은 날마다 다를 수 있다. 적혈구는 소변 딥스틱을 사용하여 혈액을 검사하거나 적혈구 침전물 검사를 통해 혈뇨와 구별되어야 한다. 온전한 암컷 토끼에서 혈뇨의 가장 흔한 원인은 자궁 질환으로, 배뇨 중에 자궁 혈액이 소변과 혼합된다. 다른 원인으로는 방광염, 방광종양, 때로는 낭포성 결석 등이 있다. 소변 탁도는 투명한 것부터 극도로 걸쭉하고 탁한 것까지 다양하다. 뿌옇게 보이는 현상은 정상적인 칼슘 배설로 인한 것이며 토끼의 평균 칼슘 배설량은 대부분의 다른 포유류의 2%에 비해 평균 45~60%로 매우 높으며, 소변에서 탄산칼슘이나 옥살산칼슘 결정으로 나타난다. 고칼슘뇨증 또는 슬러지 소변은 애완용 토끼에게 흔히 나타나는 장애이며 이 토끼에서는 칼슘 결정 형성이 과도하고 방광 내에 정체되어 결석, 칼슘 모래 또는 두꺼운 슬러지가 형성될 수 있다. 이 슬러지는 비워져 페이스트 같은 농도의 소변이 생성될 수 있다. 방광에 작은 결정이나 슬러지가 있는 일부 토끼의 경우 칼슘 결정이 방광 내강으로 침전되어 투명한 소변을 배출한다. 그러므로 결정이 없거나 탁한 소변일지라도 고칼슘뇨증을 배제할 수는 없다. 딥스틱 테스트는 토끼의 소변에서 혈액, 포도당, 케톤 및 pH의 존재 여부를 평가할 수 있지만 WBC 또는 기타 매개변수를 결정하는 데는 신뢰할 수 없다. 토끼의 소변은 알칼리성이며 평균 pH는 8(범위: 7.5~9)이며, 발열, 임신 중독증 또는 간 지질증에 따른 산증이 있는 토끼에서 산성 소변이 일화적으로 연관되어 있다. 스트레스성 고혈당증으로 인해 당뇨병이 흔하게 발생하지만 토끼에서는 당뇨병이 발생하는 경우가 드물다. 소변의 케톤은 항상 비정상적이며 식욕부진, 간 지질증 또는 임신 중독증과 관련이 있다.

굴절계를 사용한 비중(SG) 측정은 소변 계량봉을 사용한 것보다 더 안정적이다. 건강한 토끼는 일반적으로 평균 SG가 1.015(범위 1.003~1.036)인 묽은 소변을 생성한다. 질소혈증 토끼에서 SG <1.015는 신부전을 암시한다. SG와 함께 소변 단백질을 측정하는 것도 신부전 진단에 유용하다. 건강한 토끼, 특히 어린 토끼나 소변이 농축된 성체의 경우 소변에 미량의 단백질이 나타날 수 있다. 단백질이 함유된 소변(SG <1.020)을 희석하면 신장 질환의 초기에 단백뇨가 발생할 수 있으므로 신장 질환을 암시한다. 소변 단백질/크레아티닌 비율이 >0.6이면 신장 질환을 나타낼 수도 있다. 결정뇨증은 건강한 토끼 소변 침전물을 검사하는 동안 흔히 관찰되며 결정은 일반적으로 옥살산칼슘으로 구성되지만 탄산칼슘, 인산암모늄 또는 일수화물 결정도 흔히 발견된다. 백혈구, 적혈구, 박테리아, 원주 등의 존재는 다른 포유류와 마찬가지로 평가한다.

III 햄스터

1 개요

햄스터와 저빌은 비단털과(햄스터)와 무리과(저빌)를 포함하는 무로이데아 상과에 속하는 설치류의 다양한 그룹으로 다양한 신체적, 행동적 특성을 지닌 다양한 종이 있다. 그러나 기본 생리학은 그룹 전체에 걸쳐 일관되게 유지된다. 대표적인 종은 종에 따라 계절별 광주기 단축 기간 동안 다양하게 동면하는 야행성 동물이다. 설치류목의 다른 동물들과는 달리, 햄스터와 저빌쥐는 지속적인 탈수 위협이 있는 건조한 환경에서 사는 경향이 있다. 그들은 섭취를 최대화하고 물 손실을 최소화하는 것을 전제로 하는 다양한 행동 및 대사 적응을 통해 이러한 문제에 대처한다. 이것의 임상적 병리학적 의미는 크게 특징화되지는 않았지만 매우 중요하다.

비단털과의 대부분의 구성원과 마찬가지로 시리아 햄스터(*Mesocricetus auratus*)는 두꺼운 몸체, 짧은 꼬리, 큰 뺨 주머니 및 풍부하고 느슨한 피부를 가지고 있다. 다 자란 시리아 햄스터는 배쪽이 회백색이고 등쪽은 불그스름한 황금빛 갈색인 매끄러운 털을 가지고 있으며(따라서 일반적으로 사용되는 다른 이름은 골든 햄스터이다.) 코 끝에서 꼬리 밑부분까지 길이가 약 15~17cm이다. 평균 성체 햄스터 체중은 일반적으로 114~140g이며, 암컷이 일반적으로 더 크다. 수컷은 후단이 더 둥글고 옆구리샘이 뚜렷하며 다른 설치류와 마찬가지로 항문생식기까지의 거리가 더 길다. 반대로, 암컷은 뒤쪽이 뾰족하고, 옆구리샘이 감소하며, 항문생식기 거리가 더 짧고 별도의 요도 개구부가 있다. 수명 추정치는 다양하지만 일반적으로는 최대 3년이다. 성체 유럽 햄스터(*Cricetus cricetus*)는 특징적으로 갈색에서 빨간색의 등쪽 털, 짙은 회색에서 검은색의 복부, 주둥이와 발뿐만 아니라 몸의 옆면에 흰색 반점이 있다.

사육된 유럽 햄스터의 일반적인 수명은 평균 3~5년이지만, 자연 서식지에서 관찰된 개체는 최대 10년까지 사는 것으로 보고되었다. 줄무늬 햄스터라고도 알려진 성체 중국 햄스터(Cricetulus griseus)는 평균 몸 길이가 9cm이고 평균 체중이 39~46g인 비교적 작은 설치류이다. 암컷은 일반적으로 수컷보다 약 10% 더 작고, 수컷에 비해 더 공격적인 경향이 있지만, 남녀 모두 매우 높은 수준의 동종 호전성을 보여준다. 털은 배쪽은 연한 회색에서 흰색이고, 옆쪽과 등쪽은 짙은 회색이며, 척추를 따라 좁은 검은색 띠가 있다. 수명은 일반적으로 2.5~3년이다. 성체 시베리안 햄스터(Phodopus sungorus)는 작은 야행성 설치류로 코 끝에서 꼬리 밑부분까지 길이가 약 9~11cm이다. 체중은 30~50g이며 수컷이 훨씬 더 크다. 등쪽 털은 회색이며 목덜미부터 꼬리 밑부분까지 이어지는 짙은 갈색에서 검은색의 정중선 띠가 있고 복부, 팔다리, 꼬리는 흰색이다. 이 햄스터 그룹의 독특한 점은 네 발의 등 부분을 모두 덮고 있는 털이 있으며 평균 생존 기간은 9개월에서 2년까지로 나타난다.

2 검체수집

■ 복재정맥

일반적으로 햄스터의 정맥 천자 부위는 마우스의 혈액 수집에 사용된 부위와 유사하다. 햄스터의 경우 더 적은 양이 필요한 경우 측면 복재 정맥을 수동적인 보정만으로 사용하거나 적절한 크기의 보정 튜브와 함께 사용할 수 있으며 모세관을 사용하는 개방형 수집이 적합하다.

■ 경정맥/두개정맥

경정맥천자는 안전하고 효과적인 기술이 될 수 있으나 전신마취가 필요하다. 흡입 마취는 일반적으로 신속한 유도 및 회복을 가능하게 하여 대부분의 환경에서 혈액 수집을 보다 실용적으로 만든다. 흡입 마취가 불가능한 상황에서는 알파-2 작용제가 포함된 케타민과 같은 주사형 마취가 일반적으로 사용된다. 이 기술은 쇄골 수준에서 30°~45° 각도, 어깨 내측 2~4mm에서 25게이지(g) 바늘이 달린 1ml 주사기를 사용하여 수행한다. 바늘을 피부 아래로 2~3mm 정도 전진시켜 원하는 양의 혈액을 빼낸 후 바늘을 제거한다. 모든 종과 마찬가지로 멸균 거즈로 가볍게 압력을 가하면 혈종 형성이 최소화된다. 시리아 햄스터의 대정맥에서 혈액을 채취할 수도 있다. 전신마취를 하고 25게이지를 사용하여 1ml 주사기에 부착된 바늘을 흉골 바로 옆에서 세 번째 갈비뼈까지 2~6mm 측면에서 30° 각도로 삽입한다. 혈액이 주사기로 흐를 때까지 부드러운 음압으로 바늘을 반대편 대퇴골두 방향으로 꼬리 방향으로 전진시킨다. 위의 두 채혈방법은 모두 200μl보다 더 큰 양을 안정적으로 채취할 수 있다.

IV 기니피그

1 개요(소개)

기니피그의 임상병리학적 평가를 위한 혈액 수집의 일반적인 적응증에는 질병 또는 일반적인 건강 평가가 포함된다. 임상 병리학은 아픈 동물에서 질병의 차이를 더 잘 정의하고 동물의 전반적인 건강을 평가하는 데 도움이 된다. 기니피그는 사이즈가 작고 제약이 심하기 때문에 혈액 샘플을 얻기 어려울 수 있다. 환자의 크기와 기질로 인해 적절한 검체량을 확보하기가 어려워지고 이로 인해 평가할 수 있는 분석물질이 제한될 수 있다. 그럼에도 불구하고 기니피그는 연구에 광범위하게 사용되어 일반적으로 실험실 참조 범위가 존재한다.

캐비라고도 알려진 기니피그(*Cavia porcellus*)는 일반적으로 반려동물로 사육되고 전염병, 당뇨병, 심혈관 및 폐 생리학의 연구 모델에 사용되는 설치류이다. 기니피그에는 다양한 품종이 알려져 있으며, 그 중 가장 흔한 품종은 미국산, 아비시니안, 페루산이다. 기니피그는 비타민 C의 식이 공급원이 필요하다.

2 샘플 수집

그림 10-4

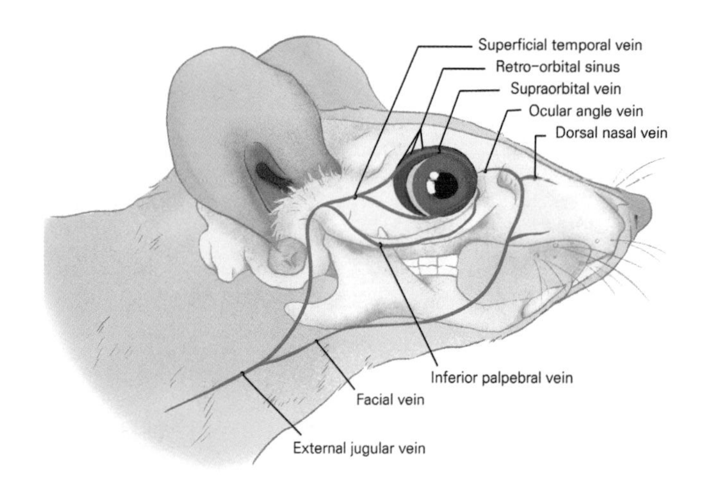

■ 보정

기니피그는 쉽게 겁을 먹고 샘플 수집을 위해 보정하는 동안 스트레스를 받을 수 있다. 그들의 탄탄한 몸, 짧은 목, 섬세하고 짧은 팔다리를 가지고 있어 인해 샘플 수집이 어렵다. 가스 마취는 채혈을 위한 적절한 진정 및 보정을 위해 권장된다. 건강한 설치류의 구토는 잘 발달된 위 괄약근으로 인해 예상치 못하게 발생한다. 채혈하는 동안 과도한 스트레스를 받거나 호흡 곤란을 겪는 경우 midazolam을 사용한 진정제 또는 isoflurane을 사용한 마취가 필요할 수 있다.

3 채혈

기니피그의 혈액량은 평균 100g당 7ml이며, 건강한 기니피그에서는 총 혈액량의 약 7%~10%, 즉 100g당 약 0.5~0.7ml를 안전하게 수집할 수 있다. 기니피그의 혈액량과 혈장량은 나이가 들수록 감소한다. 출생 시 혈액 및 혈장량은 각각 체중의 11.5% 및 5.75%인 반면, 900g 기니피그에서 성숙기의 혈액 및 혈장량은 각각 체중의 5.9% 및 3%이다. Hystricomorph 설치류의 정맥 천자는 어렵다. 경정맥, 위대정맥, 외측 복재 정맥, 요골피부정맥, 내측 복재/대퇴 정맥, 턱밑 정맥 및 복부 꼬리 동맥을 포함한 다양한 채혈부위가 있다. 경정맥은 기니피그의 채혈에 사용될 수 있으며 경정맥 천자에 대한 보정은 앞다리가 테이블 가장자리 위로 아래로 확장되고 머리와 목이 확장된 상태로 유지되는 고양이의 보정과 유사하다. 기니피그는 목이 짧고 두껍기 때문에 면도를 하면 경정맥을 쉽게 볼 수 있다. 경정맥 천자에 대한 보정은 기니피그에게 스트레스가 되어 아픈 환자에게 호흡곤란이나 허탈을 유발할 수 있으므로 이 부위 채취는 호흡 곤란 기니피그에 사용하는 것이 권장되지 않는다. 경정맥의 가장 큰 장점은 상대적으로 큰 샘플을 신속하게 수집할 수 있다는 것이며 경정맥 샘플은 일반적으로 27 또는 25게이지 바늘이 달린 1ml, 3ml 주사기를 사용하여 채취한다.

기니피그는 위대정맥에서 혈액을 수집할 수 있다. 동물을 등을 대고 누운 자세로 놓고 첫 번째 갈비뼈가 흉골과 만나는 홈에 바늘을 삽입한다. 바늘은 몸의 정중선을 가로질러 반대쪽 다리를 향하게 된다. 1 또는 3ml 주사기가 포함된 25게이지 바늘이 샘플 수집에 가장 자주 사용되며 대혈관 열상, 흉강이나 심낭으로의 의인성 출혈, 심장 압전 등의 위험이 있으므로 마취하에서만 시행해야 한다. 측면 복재 정맥과 요골피부정맥은 기니피그의 채혈에 부위로 적용될 수 있다. 내측 복재/대퇴 정맥은 기니피그의 혈액 수집에 사용될 수 있어 쉽게 접근할 수 있지만 일반적으로 소량(0.2~0.5ml)만 나오는 이러한 부위에서 혈액을 수집하려면 인슐린 주사기나 25~27게이지 바늘이 달린 1ml 주사기를 사용하는 것이 좋다. 복부 꼬리 동맥은 꼬리의 복부 정중선을 따라 흐른다. 최상의 샘플 수집을 위해 동물을 등 눕힌 자세로 배치할 수 있도록 이 방법에는 마취를 권장한다. 채취를 잘하기 위해서 꼬리의 복부 정중선에 30° 각도로 1ml 주사기에 부착된 작은 게이지 바늘(25g 또는 27g)을 삽입해야 한다.

이 방법의 단점은 꼬리의 동맥 공급에 대한 과도한 보정과 손상 및 후속 괴사로 인해 꼬리에 부상을 입히는 것이다. 수집 및 구속 중에 꼬리에 과도한 힘을 가하는 것을 피하고, 지속적인 출혈, 혈종 형성 또는 혈관 손상을 방지하기 위해 수집 후 최소 2분 동안 압력을 가해야 한다.

그림 10-5 기니피그 복제정맥 위치

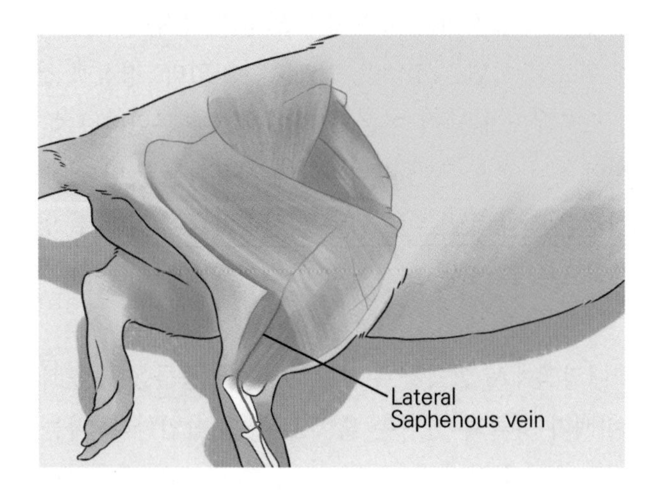

4 요채취 및 취급

이 동물의 작은 크기와 취약성으로 인해 소변은 종종 자연 채취 샘플로 수집되거나 방광을 수동으로 짜내서 수집된다. 방광천자는 다른 종에서 수행되는 것과 유사한 방식으로 작은 25게이지 바늘을 사용하여 수행할 수 있다. 적절한 보정을 위해서는 마취가 필요할 수 있다. 초음파는 방광을 시각화하고 샘플 수집을 위해 맹장을 피하는 데 도움이 될 수 있다. 소변 배양이 필요한 경우 방광천자를 실시해야 하며 소변검사는 수집 후 2시간 이내에 수행하는 것이 가장 좋다. 냉장 보관된 검체의 분석은 48시간 이내에 수행할 수 있지만 소변은 테스트 및 검사 전에 실온으로 맞춰야 한다.

5 혈액 샘플 취급

검체 수집 후 혈액은 일반적으로 EDTA 또는 헤파린과 같은 항응고제가 들어 있는 마이크로 채혈 튜브에 넣는다. 과도한 양의 액체 항응고제는 혈액 검체를 희석시켜 적혈구 용적률, 효소 또는 세포 농도를 감소시킬 수 있다. 대조적으로, 과도한 양의 건조 항응고제는 적혈구 수축과 같은 인공물을 생성하여 적혈구용적률에 영향을 미칠 수 있다. 따라서 검체가 응고되는 것을 방지할 수 있는 최소한의 항응고제를 사용하는 것이 좋다. 생화학검사를 위해 혈액은 일반적으로 헤파린 처리 혈장으로 분석을 위한 더 많은 양의 검체를 생성하고 혈청 검체에서 흔히 발생하는 용혈을 방지한다. 혈청이나 혈장을 일반적인 임상병리학적 프로토콜에 의해 분리하면 세포의 당 소비를 방지할 수 있다. 용혈은 칼륨, 인, 젖산염 탈수소효소, 빌리루빈과 같은 분석물질 농도를 증가시킬 뿐만 아니라 당을 감소시킬 수 있다. 유리에 보관된 것보다 플라스틱에 보관된 기니피그 혈청에서 칼륨 농도가 더 낮다. 혈액학적 분석은 혈액 채취 후 가능한 한 빨리 실시해야 한다. 항응고제에 장기간 노출되면 세포에 반상이나 반점이 증가할 수 있으므로 신선한 전혈을 사용하여 혈액 도말을 준비하는 것이 좋다.

저자약력

이왕희

충남대학교 수의과대학 졸업
충남대학교 임상수의학 석사
충남대학교 임상수의학 박사 수료
충남대학교 부속동물병원 임상병리과 수의사
현) 연성대학교 반려동물보건과 교수

정재용

경북대학교 수의과대학 학사
경북대학교 수의과대학 석사(수의병리학)
경북대학교 수의과대학 박사(수의병리학)
동물보건 국가 NCS 및 학습모듈 개발진
현) 수성대학교 반려동물보건과 교수

이종복

서울대학교 수의과대학 학사
서울대학교 수의과대학 석사(수의내과/임상병리학)
강원대학교 임상수의학 박사 수료(수의내과학)
서울대학교 동물병원 및 다수 동물병원 진료수의사, 원장
전, 연암대학교 동물보호계열 교수
현) 부천대학교 반려동물과 교수
한국동물보건사 양성기관 인증기준위원회 위원
FAVA(아시아태평양수의사회)2024 동물보건분과 위원

김정은

경북대학교 수의과대학 학사
경북대학교 수의과대학 석사
경북대학교 수의과대학 박사
경북대학교 부속동물병원 진료수의사
현) 대구가톨릭대학교 반려동물보건학과 교수
한국동물보건사 양성기관 인증위원회 위원
FAVA(아시아태평양수의사회)2024 학술위원

간추린
동물보건 임상병리학

초판발행 2024년 8월 30일

지은이 이왕희 · 정재용 · 이종복 · 김정은
펴낸이 노 현

편 집 소다인
기획/마케팅 김한유
표지디자인 권아린
제 작 고철민 · 김원표

펴낸곳 ㈜ 피와이메이트
서울특별시 금천구 가산디지털2로 53, 210호(가산동, 한라시그마밸리)
등록 2014. 2. 12. 제2018-000080호
전 화 02)733-6771
f a x 02)736-4818
e-mail pys@pybook.co.kr
homepage www.pybook.co.kr
ISBN 979-11-7279-011-0 93520

정 가 23,000원

박영스토리는 박영사와 함께하는 브랜드입니다.